JN273959

東電株主代表訴訟

原発事故の

経営責任を問う

はじめに

ここ十数年、私は弁護士として福島第一や浜岡（静岡県）、大間（青森県）などの「反原発裁判」に関わってきた。

福島第一原発で未曾有の事故が起きた後は、「脱原発弁護団全国連絡会」を結成して代表に就き、大阪府市エネルギー戦略会議の特別参与も務めている。橋下徹・大阪市長との「共闘」には批判も受けているが、「原発をなくすためなら誰とでも手を結ぶ」と腹を決めて、脱原発へ向けた戦略を練り、実行に移してきた。

そんな中で突き当たっているのが、「原子力ムラ」という巨大な岩盤である。

原子力ムラの中核である電力業界は、日本全体の設備投資の4割を占めるとも言われるほどの設備投資発注力を持つ。原子力だけでなく、火力、水力発電まで幅が広いからだ。電力業界に連なるゼネコン、発電機メーカー、商社、銀行、メディア等々が、仕事を請けるために必然的に原発推進のスタンスになる。下請け企業を含め、それぞれに多数の労働者がいて、「原発」を支えている。

電力業界から研究費をもらう学者、献金を受ける政治家、電源3法交付金の対象になる地方自治体……。そして、もう一つの中核の経済産業省は、天下りによって電力業界と深く結ばれている。

原子力ムラとは、これら全体を言う。日本経済の6、7割を占めている。「ムラ」と聞けば素朴で小さなイメージだが、実はこれら全体は強大な利権構造である。

この原資を負担しているのは、国民だ。たとえば、国民が払う電気料金が、関連業界にばらまかれ

はじめに

 国民が払う税金が、国から交付金として地方自治体に行く。花見酒でお互いが「どうも、どうも」と言い合うのは勝手だが、もとの一升瓶は誰が持ってきたのか。それは国民なのだ。選択のできない消費者にして、文句が言えない納税者にして、たくさんのお金を巻き上げて、それを仲間内だけで分けている。

 「反原発」を闘うというのは、こうした利権構造と闘うことである。ものすごい相手を敵に回すわけだから、あらゆる手段を講じなければ勝つことはできない。

 中核中の中核である東京電力には、本当に力がある。その東電が原発事故を起こした、東電ですらこうなってしまった、今までのことを考え直さなければならない。そういう方向に持っていきたい。

 だから、東電の現・元取締役27人に総額5兆5045億円の賠償を求める株主代表訴訟を起こして、個人の責任を追及することにした。いいかげんなことをやっていてはダメだ、たいへんなことになると認識させる。それによって、原子力ムラの中枢を解体していく。原発を推進する勢力を弱らせていく。

 世論を喚起する──。訴訟の大きな狙いである。

 すでに起こってしまったことに対して、責任を追及するのは決して私の本意ではない。しかし、福島第一原発事故の原因究明とともに、まずはその責任の所在をはっきりさせ、責任者に損害賠償や刑事罰といった然るべき償いを科すことこそが、原発をなくす道筋に不可欠だと思う。訴訟の内容や狙い、背景を本書によって理解してもらい、より多くの方から支持をいただけるよう願っている。

河合 弘之

第1部 Q&A 東電株主代表訴訟って何?

河合 弘之

- Q1 株主代表訴訟とは何か? ……8
- Q2 株主代表訴訟は原発事故にどんな意義を持つのか? ……11
- Q3 東電株主代表訴訟とは? ……14
- Q4 東京電力の取締役が負う義務や責任は普通の会社と違うのか? ……17
- Q5 「地震大国」で原発を設置・運転すること自体が責任理由になるのか? ……20
- Q6 原発事故が起きるまでにどんな警告が出されていたのか? ……24
- Q7 津波対策にどんな不備があったのか? ……29
- Q8 シビアアクシデント(苛酷事故)対策にどんな不備があったのか? ……31
- Q9 電源確保にどんな不備があったのか? ……35
- Q10 賠償請求額の5兆5045億円はどうやって算定したのか? ……37
- Q11 原発事故の責任を追及するのに、ほかにどんな方法があるのか? ……40

緊急レポート

動き始めた原発事故の責任追及——東電・株主代表訴訟と刑事告訴

小石 勝朗 ……42

第2部 東電株主代表訴訟をはじめた理由

若い世代に、大人が闘っている姿を見てもらいたい
株主代表訴訟で脱原発の輪を広げる　木村 結 …… 54

原発をなくして新しい日本に生まれ変わってほしい
株主総会から株主代表訴訟へ　浅田 正文 …… 64

第3部 東電株主代表訴訟 関連資料

資料1　取締役に対する訴え提起請求書（平成23年11月14日）…… 125

資料2　不提訴理由通知書（「取締役に対する訴え提起請求書」に対する回答書・平成24年1月13日）…… 148

資料3　東電株主代表訴訟訴状（平成24年3月5日）…… 165

Q&A
東電株主代表訴訟って何?

河合弘之

第1部

Q1 株主代表訴訟とは何か?

A 株主代表訴訟とは、その名の通り個々の株主が会社や全株主を代表して、取締役の違法行為によって会社が受けた損害を取締役個人の財産によって回復させるための訴訟である。

会社の取締役は、時として悪意や過失の行為で会社に損害を与えることがある。違法行為によって、会社の財産は減り、株主の財産も減る。そこで、そうした損害から会社や株主の利益を守るために設けられた資本主義的な制度が、株主代表訴訟だ。

本来は損害を受けた会社が取締役を訴えるべきだが、取締役同士、あるいは監査役と取締役の間では身内のかばい合いが予想され、それでは会社や株主の損害が回復されないことになる。そこで、株主に取締役を訴える資格を認めている。

株主代表訴訟を提訴できるのは、単元株(東京電力の場合は100株)を6カ月以上

第1部
Q&A
東電株主代表訴訟って何?

所有している株主だ。ただし、いきなり提訴できるわけではない。株主はまず、その会社の監査役に対して、違法行為をした取締役に損害賠償を求める訴訟を起こすよう請求する。監査役は60日以内に提訴するかどうかを決め、提訴しない場合は理由を回答する。それを受けて、株主は取締役を相手取り、会社が被った損害の賠償を求める訴訟を起こす流れになっている。

株主代表訴訟の流れ

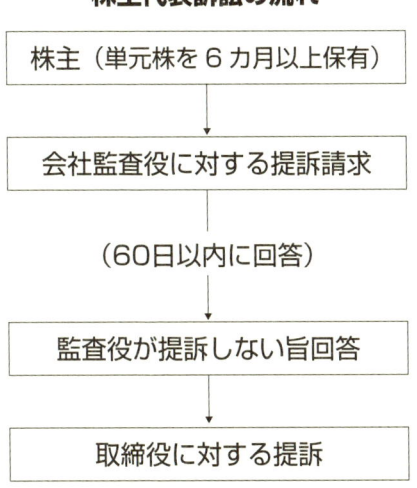

- 株主(単元株を6カ月以上保有)
  - ↓
- 会社監査役に対する提訴請求
  - ↓
- (60日以内に回答)
  - ↓
- 監査役が提訴しない旨回答
  - ↓
- 取締役に対する提訴

株主代表訴訟に期待される効果は、損害を回復することだけではない。違法行為をした取締役個人が賠償を命じられるとなれば、経営陣に常に緊張感がもたらされる。その結果、違法行為の防止に役立つことにもなる。

ところで、裁判所が株主の請求を認めた場合、個々の取締役からの賠償金は、訴えた株主に払われるので

はなく、会社の一般財産に繰り入れられ、使途は限定されない。あくまでも会社の損害を回復させるのが、株主代表訴訟の目的だ。

株主個人が賠償金をもらうための訴訟と勘違いし、「株で損をしても株主の個人責任ではないか」と批判する向きもある。しかし、これは全くの誤解だ。会社の損害が回復されることによって、結果として株主全員が間接的な利益を得る、という構造になっている。原告の株主は、直接の金銭的なメリットを受けないにもかかわらず、時間と労力、経費をかけ、さらに敗訴のリスクも負いながら、訴訟に臨むのである。

このように株主代表訴訟の目的の半分は公益的と言えるから、訴訟にかかる手数料（印紙代）が安く設定されている。自分の利益を得るために起こす一般的な民事訴訟では、印紙代は賠償請求額に比例して決まるが、株主代表訴訟の場合、請求額は一律に160万円とみなすと定められている。その結果、今回の訴訟でも、一般的な民事訴訟なら約55億円かかる印紙代が1万3000円で済んだ。

第1部
Q&A
東電株主代表訴訟って何？

Q2 株主代表訴訟は原発事故にどんな意義を持つのか？

A 通常、取締役の違法行為によって損害を受けた第三者は、その会社とともに、取締役個人に対しても、損害賠償を求める訴訟を起こすことができる。

たとえば、化学工場で毒物を外部に垂れ流したようなケースが該当する。

しかし、原発事故の場合、原子力損害賠償法は電力会社のみに責任を集中させる、と定めている。今回の福島第一原発の事故で、どんなに被害が大きく、どんなに被害者が怒り、「責任のある取締役個人に直接賠償させたい」と思っても、シャットアウトされる仕組みなのだ。

そこで、責任の追及と再発の防止という大きな目的のために、私たちは株主代表訴訟という制度を利用することにした。

判決が取締役の違法行為を認定し、会社に生じた損害を賠償するように命じれば、誰の責任なのかが明確になる。たとえ請求している全額の賠償が認められないとし

福島第一原発（撮影：野田雅也）

ても、まず原発事故の責任がどこにあったのか、どれほどの損害が生じたのかを、司法の場ではっきりさせる意味は極めて大きい。しかも、賠償命令は取締役を財産的に罰することを意味するので、経営の緊張感を喚起することにつながる。同様の事故を起こすと取締役個人が損害賠償させられるかもしれないとなれば、今後は真剣に原発の運転の可否を考えるだろう。

それに、被害者が何もかも失って地獄のような生活を強いられる一方で、事故を起こした側の東電の取締役は退職慰労金を受け取り、引退後も事故とは無関係であったかの如く幸せな生活

第1部
Q&A
東電株主代表訴訟って何?

を送るというのは、社会的にあまりに不公平だ。それをただすのも大きな狙いだ。

他の電力会社への「波及効果」にも期待している。原発を持つ各電力会社が、再稼動の手続を進めているからだ。

日本の電力会社とその役員はこれまで横並びで原発を推進しており、自分の頭で、自分のリスクの問題として原発について考えてはこなかった。今回の提訴によって、他の電力会社に対しても、いわば「集団無責任体制」とでも言うべき状況だった。今回の提訴によって、他の電力会社に対しても、原発事故を起こしたら取締役個人への損害賠償請求訴訟が実際に提起されるのだと実感させることができた。再稼動を抑制する効果があるだろう。早期の原発再稼動を予定しているとみられる関西電力と九州電力、四国電力には、今回の訴状とともに警告書を送った。

このように今回の訴訟は、原発事故の重大な過失を追及し、原発を停めて安全な社会をつくるのが大きな目的で、社会的・公益的な要素がより強い。従来の株主代表訴訟とは、やや性格を異にしている。

Q3 東電株主代表訴訟とは？

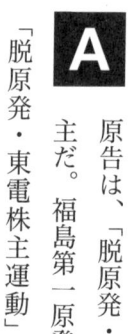

A 原告は、「脱原発・東電株主運動」のメンバーを中心にした42人の東電株主だ。福島第一原発の事故当時、福島県内に住んでいた人も4人いる。

「脱原発・東電株主運動」は、株主提案権を行使できる3万株以上を集め、1991年以降、毎年の東電の株主総会で原発からの撤退や廃炉、新・増設の停止などを求め続けてきた。しかし、東電の反応は冷たかったうえ、生保会社などの大株主は東電べったりの対応を取り続け、賛成はいつも数パーセントにとどまっていた。株主総会での警告を無視し続けたことも、福島第一原発の事故を招いた一因と言える（後述Q6）。

被告は、事故当時の勝俣恒久会長、清水正孝社長をはじめ、東電の現・元取締役27人。2002年7月に文部科学省の地震調査研究推進本部が「三陸沖から房総沖の日本海溝沿いでマグニチュード8（M8）級の地震が起き得る」との見解を発表

第 1 部
Q＆A
東電株主代表訴訟って何？

提訴後の記者会見（2012年3月5日。共同通信提供）

して以降、2011年3月11日の東日本大震災によって福島第一原発の事故が起きるまでに、東電の取締役に就いていた。

今回の訴訟の主張を簡単にまとめると、こうなる。

東日本大震災の地震動と津波によって福島第一原発が壊れ、大量の放射能が放出されたことによって、広い範囲に甚大な被害が出た。

その結果、東電は被害者への補償や除染の費用をはじめとする膨大な損害賠償の債務を負い、会社として損害を被った。さらに、原子炉がメルトダウンを起こしたことなどによって廃炉にかかる費用が極めて巨額に膨らむことになり、東電は会社として損害を被った。

東電が会社として被ったこれらの損害は、被告である27人の現・元取締役が任務を怠ったのが原因である。そこで、これらの取締役が連帯して、個人の財産でその損害を賠償するよう求めている。

賠償請求額は5兆5045億円。国内の訴訟では過

去最高の請求額だ。政府の第三者委員会が試算した、事故に伴う損害賠償額や廃炉費用を根拠にした（詳しくはQ10）。ただし、ここには除染費用などは含まれていない。

提訴に先立つ2011年11月、原告は東電の監査役（7人）に対し、60人の現・元取締役を相手取って福島第一原発の事故にかかる損害賠償を求める訴訟を起こすよう請求した。しかし、監査役は翌1月、すべての取締役について「任務を怠ったことによる責任は認められない」として、提訴しないと回答してきたので、被告を27人に絞って株主代表訴訟に移行することにした。

東京地方裁判所に提訴したのは、2012年3月5日。福島第一原発の事故から、ほぼ1年後のことだ。私を団長に、約20人の弁護士による弁護団を組織した。原発事故に関して東電に過失があるか、それについて取締役の責任があるか、あるとすれば取締役の賠償額はいくらか、といった点を裁判所がどう判断するかがポイントになる。

第1部 Q&A 東電株主代表訴訟って何?

Q4 東京電力の取締役が負う義務や責任は普通の会社と違うのか?

A 製薬業、化学業のように危険物を取り扱う会社の取締役は、普通の会社より重い注意義務を求められる。原発の場合はそれ以上に、ひとたび事故が起きれば住民や社会全体に対し、時間的、空間的、性質的に取り返しのつかない甚大な被害をもたらす。東電をはじめ原発を設置・運転している電力会社は、「超危険物」を扱う会社なのだ。

原発で重大な事故が発生した場合に、事業者自身に巨額の損害を負わせるだけでなく、広範な地域を極めて長期間にわたって居住不可能にし、住民に深刻な健康被害を与えることは、1986年の旧ソ連・チェルノブイリ原発事故が示していた。

だから、炉心損傷・溶融といった重大な事故を予防し、万一、重大な事故が発生した場合に備えて十分な安全対策を講じることについて、東電の取締役が会社に対して負う善管注意義務の水準は、通常の企業の経営者に要求されるものよりはるか

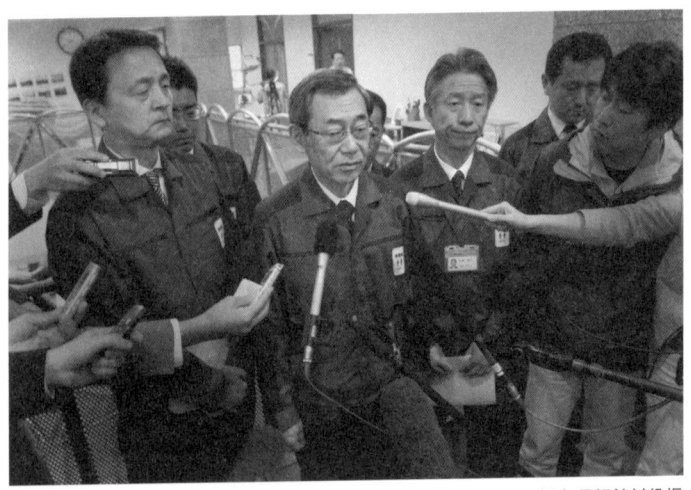

記者会見する清水正孝東電社長（中央）——2011年5月9日、福島県飯舘村役場で（撮影：豊田直巳）

に高い。

Q3で述べた通り、原告は提訴に先立って東電の監査役に対し、60人の現・元取締役を相手取り福島第一原発の事故にかかる損害賠償を求める訴訟を提起するよう請求した。これに対して、監査役は「提訴をしない」と回答したが、その理由は、①原発事故は想定をはるかに超える津波のせいだから取締役に責任はない、②国の指針を守っていたのだから責任はない、③事故発生後の事態収束への対応についても過失はない、というものだった。

しかし、①東電社内でも15・7

第1部
Q&A
東電株主代表訴訟って何？

メートルの津波の可能性が算定されていたし(後述Q6)、②国の指針は最低限のルールであって必要条件に過ぎず、たとえ規則を守っていたとしても取締役には業務上過失責任がある。それに、③政府の事故調査・検証委員会の中間報告を見れば、原発への海水注入を遅らせてメルトダウンを起こし、タイミングを失したベントによって大量の放射能を放出させたといった事故後の過失はいくつも指摘されている。

東電の監査役が、取締役の注意義務についてきちんと判断しないどころか、むしろ取締役に迎合するかのような回答をしたことは、不見識と言わざるを得ない。

東電は被告の取締役を支援するため、会社として今回の訴訟に補助参加してきた。原発事故の責任を認めて被害者への損害賠償に応じている立場なのに、会社が弁護士費用などを負担して法廷で「取締役に責任はない」と主張するのは矛盾しており、認められることではない。

Q5 「地震大国」で原発を設置・運転すること自体が責任理由になるのか？

A 日本は「地震大国」である。図1はマグニチュード4以上、深さが100キロより浅い地震が発生した場所をプロットした図である。これを見ると、日本はそのプロットで真っ黒になって見えないくらい地震が発生していることがわかる。日本では地球の表面積平均の約130倍の率で地震が発生し、世界の地震によって発生する揺れの約1割が集中している。地殻（プレート）が相互にもぐりこみ、ひしめき合っている境界線にあるために、日本に地震が多いということは、1960年代末から70年代にかけて公知の事実となっていた。

フランスは世界一の原発大国である。しかし、図1を見ても分かるように、フランスにはほとんど地震が発生しない。アメリカも、西海岸にはやや地震の発生があるが、原発がある東海岸は真っ白で地震がない。中国（四川省を除く）、インド、カナダにはほとんど地震がない。

第 1 部
Q&A
東電株主代表訴訟って何？

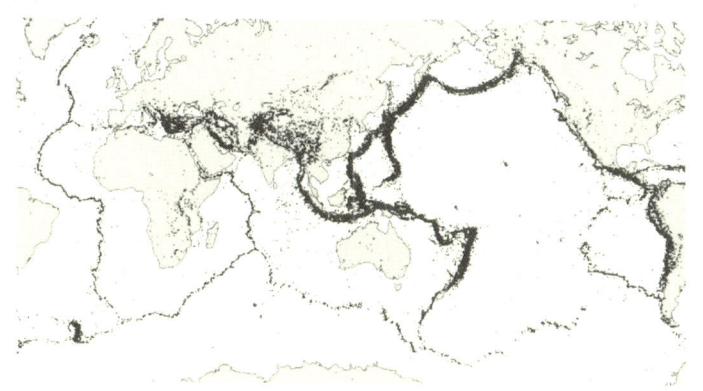

図1

世界の地震分布（M4以上、深さ100km以下、1975～1994年）国立天文台編『理科年表23年版』（丸善、2010年）より

図2

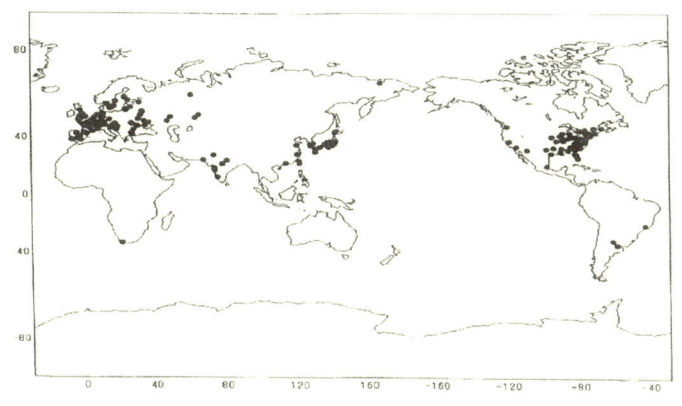

Distribution of Nuclear Power Plants (2001)

図2は、世界の原発の分布図である。ここから、どこにより多くの原発が存在するかがわかる。図1と図2を重ねたのが図3（茂木清夫東京大学名誉教授の作成）で、これを見ると、地震が頻発するのに多くの原発が立地しているのは、日本だけというのが明確にわかる。しかも、日本は海に囲まれているから、同時に「津波大国」でもある。そのようなところでわざわざ原発の設置・運転をする必要はない。むしろ原発は設置・運転してはいけない。

では、なぜ地震・津波大国である日本で原発をやってはいけないのか。

原発は、無数のコンピュータや計器、配線、配管、機器、電気スイッチなどから成り立っている巨大な精密機械である。だから、衝撃と水には極めて脆弱だ。地震・津波大国の日本に原発を設置してはならないゆえんである。

地震学者の石橋克彦・神戸大名誉教授は1997年に「原発震災」という言葉を使って、巨大地震と原発事故が同時に発生し、相乗作用によって深刻な事態を招く破局的災害の危険を指摘していた。

こうしたことから、東電の取締役には、本来的に会社が原発を設置し運転することを止めさせる注意義務があった。

第1部
Q&A
東電株主代表訴訟って何？

図3

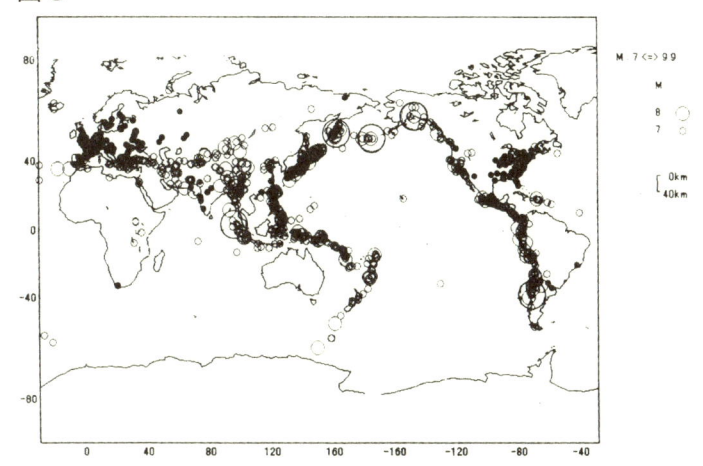

世界のM7以上の浅い大地震（1903〜2002年）（丸印）と原子力発電所（黒丸印）の分布を示す。原発が密集する米国東部とヨーロッパの大部分では大地震が起こらない。日本では地震が多いのに原発が多い（Mogi, 2004）。茂木清夫『とらわれずに考えよう──地震・火山・岩石破壊』（古今書院、2009年）183頁所収。〔原図はカラーである──編者注〕

Q6 原発事故が起きるまでにどんな警告が出されていたのか?

A Q3で触れたように、「脱原発・東電株主運動」は1991年以降、原発事故発生前の2010年まで毎年の東電株主総会で、原発事業からの撤退や廃炉、新・増設の停止などを求め、株主提案を続けてきた。シビアアクシデント(苛酷事故)が起きる危険性や、発生した場合に東電や社会に大きな損害が生じることを主な理由に挙げていた。

たとえば、1995年の株主総会では、同年1月の阪神・淡路大震災を受け、「予想を超える事故への防災対策も必要である」として、原発事故に備えて防災体制の確立を図る条項を定款に追加するよう提案した。2005年には、原発の「耐震設計審査指針」が策定された1978年以前に設計した原子炉を閉鎖するよう提案。07年には、同指針の改定に伴い、「従来のまま原発を続けることは無謀で、早急に見直しの場を設けるべき」と指摘した。さらに09年の株主総会では、福島第一原発

第1部
Q&A
東電株主代表訴訟って何？

1〜3号機の廃炉を株主提案している。

しかし、歴代の東電取締役は、これらの提案に対し、ことごとく反対意見を表明し、一蹴してきた。

福島県沖で大地震が発生し、それに伴って福島第一原発が施設を超える高さの津波に襲われて苛酷事故を引き起こす危険性も、今回の事故の前から指摘されており、東電も認識していた。津波による原発事故は、決して想定外ではなかった。

1966〜72年に福島第一原発の設置許可を申請するにあたって、東電は想定される津波の高さを3・1メートルに設定していた。その後、2002年に公益社団法人・土木学会の部会が発表した「津波評価技術」に従って、東電は5・4〜5・7メートルに変更する。09年にも修正したが、それでも最大6・1メートルだった。

文部科学省の地震調査研究推進本部は2002年7月に「三陸沖から房総沖の日本海溝沿いでマグニチュード8（M8）級の地震が起き得る」との見解を公表し、今後30年以内の発生可能性が30％程度あると結論づけた。これを受けて東電の研究チームは2006年7月、予想される最大の地震をM8・5と見積もったうえで、今後50年以内に設計の想定を超える津波に襲われる確率が約10％あり、10メートル

を超える確率が1パーセント弱、13メートル以上の大津波も0・1%かそれ以下の確率で起こり得るとの報告書を発表していた。

2006年9月に原子力安全委員会は、原発の「耐震設計審査指針」を改定する。津波について十分考慮するよう求め、基準となる地震動を上回る強さの地震が起きた場合のリスクを小さくするよう努力義務を課した。このため東電は2008年に、「明治三陸地震」（1896年）並みのM8・3級地震が福島県沖で起きたとの想定で福島第一原発の津波の高さを試算し、浸水高が15・7メートルにまで及ぶとの結果を得て、担当取締役にも報告された。

しかし、東電の取締役は特段の指示をせず、改善策を講じなかった。東日本大震災の際、実際に福島第一原発に押し寄せた津波の浸水高は11・5〜15・5メートルだった。

さらに東電は2008年に、「貞観地震」（869年）並みのM8・4級地震を想定した津波の高さを試算し、8・7〜9・2メートルとの結果を得ていた。原子力安全・保安院は、貞観地震を踏まえて津波の検討をするよう東電に促したが、東電が具体的な安全強化策を取ることはなく、むしろこうした試算結果を隠すような対

第 1 部
Q&A
東電株主代表訴訟って何？

各種警告時系列表（抜粋）

詳しくは、資料３東電株主代表訴訟訴状（本書79頁収録）参照。

	各種研究報告等	東京電力の対応
平成14（2002）年７月	「三陸沖から房総沖にかけての地震活動の長期評価について」（文部科学省の地震調査研究推進本部の地震調査委員会）の公表 →三陸沖から房総沖の日本海溝沿いでマグニチュード８クラスの地震が起き得るとの見解を公表	
平成18（2006）年７月		長期評価を受けて、マイアミ報告書（東京電力原子力・立地本部の安全担当らの研究チーム）を作成（波高13m以上との試算）
平成18（2006）年９月	「発電用原子炉施設に関する耐震設計審査指針」（新耐震指針）の公表 →事業者に対し、津波についても、「施設の共用期間中に極めてまれではあるが発生する可能性があると想定することが適切な津波によっても、施設の安全機能が重大な影響を受けるおそれがないこと」を十分考慮するよう要求	新耐震指針を受けて、バックチェック開始
平成20（2008）年春		明治三陸地震等をもとにした試算の実施（O.P.＋13.7m～15.7m） 延宝房総沖地震をもとにした試算の実施（O.P.＋13.6m） →いずれも握りつぶす
平成21（2009）年２月		バックチェックの過程で、設計津波水位をO.P.＋5.4m～6.1m）に修正
平成23（2011）年３月11日		福島第一原発事故発生

応を取った。

経済産業省所管の独立行政法人・原子力安全基盤機構も2008年の報告書で、津波の影響によって海水冷却系や非常用ディーゼル発電機の機能が喪失し、炉心損傷につながる可能性があることを指摘していた。

これらの警告とその無視の経過を時系列に並べると表(前頁)のとおりである。

東電側がいかに情報を握りつぶしていたかがはっきりとわかる。

第 1 部
Q&A
東電株主代表訴訟って何？

Q7 津波対策にどんな不備があったのか？

A

Q6で述べた通り、東電は2008年の試算により、福島第一原発に15・7メートルの津波が襲来する可能性があるという結果を得ていた。しかし、こうした規模の津波に対する施設の安全対策を全く取っていなかった。

また、被告の取締役全員は、Q6で挙げた警告の存在や内容を熟知していたか、熟知しておくべき立場にあった。文部科学省の地震調査研究推進本部が「三陸沖から房総沖の日本海溝沿いでマグニチュード8級の地震が起き得る」との見解を公表した2002年7月以降、可及的速やかに、安全の観点からこれらの警告の情報を正当に評価し、適切な津波対策を取っておくべき義務があった。

具体的には、高い防波堤を構築する、非常用ディーゼル発電機や非常用電源盤をはじめとする重要設備について、水密性の補強工事、浸水を防げる場所への移設、分散配置など、津波によって全交流電源が機能を喪失しないような措置を講じてお

くべき善管注意義務があった。

こうした措置を取ることは、他の原発の事例を見ても容易だったことがわかる。

東海第二原発では、敷地の高さが海面から3・31メートルを超える津波の可能性が判明したため、6・11メートルの側壁を整備・増設していた。その結果、今回の震災による津波の高さは5・4メートルで側壁より低く、非常用ディーゼル発電機3台のうち2台が無事だったので難を逃れた。

福島第一原発でも、6号機の非常用ディーゼル発電機のうち1台を空冷にして他より高い場所に設置し、5号機に連結する工事をしていたため、5、6号機の冷却機能は維持され、深刻な事態にならずに済んだ。

これら2つの対策は、巨額の費用や長期の工事を要さずになされたものだ。しかし、福島第一原発の1〜4号機については対策が全く取られず、今回の事故につながった。

被告の取締役は「警告の裏づけ・追加調査をしている間に事故が起きた」と釈明するかもしれない。しかし、とりあえずの対策すら何ら取らずに調査をするというのは、調査に名を借りた怠慢、手抜き以外の何ものでもない。

第 1 部
Q&A
東電株主代表訴訟って何？

Q8 シビアアクシデント（苛酷事故）対策にどんな不備があったのか？

A 原発の設計基準はなるべく安全面に厳しくしなければならないが、それを守ったとしても事故は起きる。その場合に、どうやって通常の状態に戻すか（フェーズⅠ）、通常の状態に戻せなくなった時に事故や被害の拡大をいかに防ぐか（フェーズⅡ）が、アクシデントマネジメントである。

シビアアクシデント（苛酷事故）とは、フェーズⅡを指す。日本ではフェーズⅡは電力会社に任され、自主的な取り組みが求められている。つまり、地震や津波による苛酷事故の拡大を防ぐため、事前の対策と事故発生後の対策を施しておくことは、電力会社の義務である。

しかし、東電は津波による苛酷事故を想定せず、それに備えて設備を改善せず、十分な内容のマニュアル作成や訓練もしなかった。アクシデントマネジメントにほとんど取り組んでいなかったため、原発事故による損害の発生を防止したり最小化

したりできなかった。

福島第一原発の1号機に設置されている非常用冷却装置（IC）には、弁がA・B2つの系統に4つずつある。全電源が停まるとすべての弁が自動的に閉じて、原子炉を外界から隔絶する。ICを稼働させるには、たとえばA系の場合、改めて4つのうち必要な弁を開いたうえで3Aの弁を開閉して操作する仕組みだ。

しかし、今回の事故では現場の担当者も幹部もそれを知らず、全電源停止後も、他の弁が閉まっているので3Aを操作しても無意味であるにもかかわらず、3Aのみの操作によってICが作動して炉の冷却はできている、と誤信していた。そのため、炉心冷却のために次の手を打つことが大幅に遅れ、炉心溶融や放射能の大量放出、水素爆発という惨事を招いた。

IC操作の基本中の基本について、マニュアルで教育したり実地訓練したりする義務があるのに怠り、操作の基本を知らず非常冷却の経験もなく訓練も受けていない担当者を現場に配置し、長年放置していたことは、取締役の重大な過誤である。水素爆発を防止するための対策にも不備があり、取締役の責任は免れない。1号機の水素爆発はベント（排気）の約1時間後に起き原子炉建屋を破壊したが、建屋

第 1 部
Q & A
東電株主代表訴訟って何？

外に出したはずの水素ガスが、別の排気管を通じて建屋内に逆流したためだった可能性が高く、東電も認めている。ベントの配管を独自のラインにせずに空調用配管を借用するなど、危険な装置を設置し、長年にわたり放置したことが水素爆発につながった。

1990年代に格納容器に設置したベント装置に、大量の放射性物質の放出を抑制するためのフィルターを取り付けなかった責任も大きい。チェルノブイリ原発事故を受けて、欧州では当時、大型フィルター付きベント装置の導入が進んでおり、日本でも設置が可能だったにもかかわらず、東電は見送った。「付けたらみっともない」「費用がかかる」という理屈だったようだ。福島第一原発にフィルターが付いていれば、放出された放射能は1000分の1だったと言われている。

そもそも、今回のように原子炉の燃料棒が露出したり大量の放射能が放出されたりする事態は、東電では「起きない前提」になっていた。理由は二つある。

一つは、そうした事態を前提に原発を改善すれば、苛酷事故の可能性を認めることになってしまい、「原発はやはり危ない」と思われてしまうという懸念から。もう一つは「本当に安全だし努力も尽くしたので対策は十分」と信じ込んでいたから。

改善が提案されても、「原発は安全なのだから無駄だ」と相手にされなかったという。

だから、マニュアルや訓練も不十分だった。

日本は技術大国で、新幹線やロケット技術などそのレベルは高い。だが、原発の世界だけは違っている。誤った「安全信仰」が貫かれたため、苛酷事故の対策は最低限で済ませ、口先だけの正当化に終始し真の追究をしてこなかった。その結果が今回の事故だった。

第1部 Q&A 東電株主代表訴訟って何？

Q9 電源確保にどんな不備があったのか？

A 周知のように原子炉は無数のコンピュータや計器類によってコントロールされている。なによりも、原子炉を冷却するためには冷却ポンプが必要だ。それらは電源なくしては動かない。今回の事故では全電源喪失が炉心溶融という事態を招いた。

全電源が失われた場合の東電の対策は、まず、隣接する原子炉施設のいずれかが無事であることを前提にしていた。自然災害などで複数の施設が同時に損壊・故障し、隣接する施設から電源を融通できなくなる事態への対策は、検討されていなかった。非常用電源についても、非常用ディーゼル発電機を増やしたり、いろいろなところに電源盤を設置したりといった措置は、取っていなかった。「同時多発電源喪失」や「直流電源を含む長時間全電源喪失」への備えはなく、マニュアルや社員教育をしていなかった。福島第一原発の施設内には、そうした場合

の作業に必要なバッテリー、エアーコンプレッサー、電源車、電源ケーブルなどの資機材も備えられていなかった。

原発の外部からの電源確保についても、被告の取締役には義務を怠った違反がある。大震災によって福島第一原発への送電に使われる鉄塔が倒壊するなど、外部電源の供給に必要な送変電設備が広い範囲で被害を受けた。防止する措置が不十分であったうえ、複数の変電所から複数のルートで外部電力を確保するような配慮もしていなかった。

第1部 Q&A 東電株主代表訴訟って何?

Q10 賠償請求額の5兆5045億円はどうやって算定したのか?

A 東電の資産査定や経費見直しを進めている「経営・財務調査委員会」という組織がある。政府の第三者委員会だ。この委員会が2011年10月、文部科学省の原子力損害賠償紛争審査会の中間指針を基に出した報告書の中で、今回の原発事故による損害額を試算している。その合計額が5兆5045億円である。

内訳は、①農林漁業や観光業などへの風評被害、財物の価値喪失といった一過性の損害が2兆6184億円、②避難や営業損害、就労不能など事故の収束までにかかる損害額が2年間で1兆9218億円。さらに、今回の事故によって福島第一原発1~4号機の廃炉にかかる費用が9643億円、追加で必要になると見積もられており、これらを合計した。

ただし、この試算では、事故収束までにかかる損害額は2013年3月までの2年分に限られており、除染などの費用も含まれていない。損害賠償請求の対象とな

原発事故で避難を余儀なくされた双葉町。写真は、福島県双葉町の商店街入口に掲げられた原子力の標語（2011年4月21日。撮影：綿井健陽）

る、東電が会社として被った損害額は、今後も増えていく。

ちなみに東電自身、原子炉の冷却や放射性物質の飛散防止、福島第一原発1〜4号機の廃炉などにかかる費用として、2011年度・第一四半期終了時点で7027億円の災害特別損失を計上している。また、原子力損害賠償費として同時点で3977億円の特別損失を出している。これらの費用がさらに膨らむであろうことは、東電自身も認めている。

ところで、5兆5045億円は途方もない金額であり、全面勝訴した

第 1 部
Q&A
東電株主代表訴訟って何？

場合でも、どう頑張っても取締役に全額を賠償させるのは無理だろう。現実問題として、せいぜい億単位の賠償金しか取れないと思う。会社が負った損害の額と、実際に賠償可能な額は別だということは、織り込み済みだ。

しかし、前述したように、まず原発事故の責任がどこにあったのか、どれほどの損害を社会に与えたのか、はっきりさせる意味は大きい。それだけでも訴訟の大きな目的を達する、と言っていいだろう。

取締役が賠償して東電に戻った金については、私たちは原発事故の被害者への損害賠償に使うよう求めている。

被害者は生命、身体、財産上の重大な損害を被り、自宅や土地、仕事、故郷を失い、人生を変えられ、コミュニティーや家族を破壊され、生きる希望を失いかねないほどの絶望感を味わい、塗炭の苦しみの中にいる。こうした被害の最大の責任者は、被告である27人の現・元取締役である。にもかかわらず、個人的に財産上の責任を何ら取っていないのは、あまりに不公平だからである。

Q11 原発事故の責任を追及するのに、ほかにどんな方法があるのか？

A これだけの原発事故が起きたのに、経済産業省は「何があっても原発推進」という立場を変えていない。原子力ムラは日本経済の6、7割を占めると言われるほど巨大で、がっちりかたまっている。強大な利権構造なのだ。

それを突き崩し解体していくためには、個人の責任を追及して「いい加減なことをやっていてはダメだ」と気づかせることが有効な方法である。「原子力ムラの中核である東電ですら、こうなってしまった。全体が今までのことを考え直さなければならない」という雰囲気をつくることにつながるからだ。

株主代表訴訟とともに個人の責任を問うもう一つの大きな柱として、刑事責任の追及が挙げられる。こちらの動きも活発になっている。

6月11日、武藤類子氏ら1324名の福島県民は、事故当時の東電会長・勝俣恒久氏ら33名を福島地方検察庁に告訴・告発した。罪名は、業務上過失致死傷と公害

第1部
Q&A
東電株主代表訴訟って何?

犯罪処罰法(公害罪法)違反。誰にどんな刑事責任があるか明確にしようと、生命や身体に被害を受けた県民が自ら捜査を求めたのだ。保田行雄弁護士と私が代理人を務めている。

東電や国、学者らは、大地震による原発事故の危険を警告されながら過小評価し、具体的な津波防護策や浸水対策を取らなかった。また、原発事故の後、放射性物質による汚染が広範囲に及んでいることを知りながら、防御策を取らなかったり住民の避難を遅らせたりした。そのことが多数の住民の死亡や被曝を招き、犯罪にあたると主張している。株主代表訴訟とともに、原発事故の個人責任を法的に追及する両輪である。

繰り返すが、原発をなくすためには福島第一原発で起きた事故の責任を曖昧にしてはいけない。法律による追及はもちろんのこと、政治、行政、メディアへの働きかけをはじめ、あらゆることに取り組む必要がある。とりわけ原発を今後どうするかについては、最後は政治が決めることになる。私たちが選挙でどういう選択をするかが重要だ。

ジャーナリスト
小石 勝朗

動き始めた原発事故の責任追及

東電・株主代表訴訟と刑事告訴

東京電力福島第一原子力発電所で起きた事故をめぐる株主代表訴訟は、2012年6月14日に東京地方裁判所で第1回口頭弁論が開かれ、審理がスタートした。その3日前の6月11日には、事故発生時の福島県民1324人が東電の現・元取締役や国の担当幹部、学者ら計33人を、業務上過失致死傷などの容疑で福島地方検察庁に告訴・告発した。原発事故を起こした責任者は誰か、その責任をどう取らせるのか。事故発生から1年以上が経って、ようやく動きが本格化してきた。

緊急レポート

緊急レポート

株主代表訴訟第1回口頭弁論

「被曝のおそれと居所の定まらない精神的に不安定な生活。疲れました。原発難民を再びつくってはなりません。これほど大きな被害を出し、会社に莫大な損害を与えているのに、東電の役員はいまだに責任を取ろうとしていません。日本が生まれ変わるためにも、役員は責任を取って会社に賠償してください」。

第1回口頭弁論で意見陳述した原告の浅田正文さん（64ページ参照）は、こう訴えた。

福島県田村市から金沢市への避難生活は1年3か月を超えた。

原告団事務局長の木村結さん（54ページ参照）は、東電の株主総会で原発からの撤退を提案し続けたものの取締役が警告に耳を貸そうとしなかったことを指摘し、「原発事故以来の東電取締役の態度は、反省しているどころか事故の当事者としての自覚も感じられない。27人の被告は『会社のため』などと言い訳せずに個人として責任を取り、東電及び関連会社で得た財産はすべて返却して、福島の被災者への賠償金に充てることを求める」と

姿を見せなかった被告の現・元取締役

述べた。

弁論は波乱含みの展開になった。冒頭、河合弘之弁護団長は、東電が補助参加を申し出ていることに異議を唱えた。理由として、①東電は原発事故の責任を認めて損害賠償に応じており、補助参加は国や被害者に対する態度と矛盾する、②補助参加に伴う多額の弁護士費用は東電に投入された公的資金から賄われることになり、国民の理解が得られない、③現在の東電取締役会のメンバーは1人を除いて今回の訴訟の被告であり、取締役会で訴訟への参加を決めることは利益相反にあたる――を挙げた。

これに対して、東電側は「被告の取締役に原発の設置・運転に関する善管注意義務違反はなかった」として、原告の請求を棄却するよう求める答弁書を提出し、全面的に争う構えを示した。具体的な主張は、同社の事故調査委員会の最終報告を待って明らかにするという。

緊急レポート

補助参加についても「今後も原子力発電が一定の役割を担うことが想定されており、円滑な電気事業の遂行を確保するために必要だ」と反論。東電側が出す意見書を受けて、裁判所が可否を判断することになった。被告の現・元取締役は、法廷に姿を見せなかった。

弁論終了後に記者会見した河合団長は、東電の勝俣恒久会長や清水正孝・前社長、吉田昌郎・前福島第一原発所長らの証人尋問を申請する意向を表明。「補助参加をめぐるやり取りで、東電が反省もせずに原発を続けることにやる気満々であることがわかった」と批判したうえで、「原発事故の責任追及がなされる裁判はこれが初めて。もしかすると、今後もここしかないかもしれない。社会的、歴史的に極めて重要な法廷になる」と訴訟の意義を改めて強調した。

原子力ムラを刑事告訴・告発

「今の避難先は10カ所目。棄民にされた思い」。
「あれ以来、自宅の南側の窓を開けていない。洗濯物も外に干していない」。

福島地検に刑事告訴・告発状提出（2012年6月11日。撮影：編集部）

「頭では福島に戻れないとわかっている。でも、心は福島から離れられない。『ふるさと』が歌えない。先が見えない不安定な精神状態です」。

「このまま原発事故の責任がウヤムヤにされてしまうとすれば、絶対に納得がいかない」。

告訴・告発状を提出した後の報告集会で、告訴・告発をした「福島原発告訴団」のメンバーは次々に思いを語った。

福島第一原発の事故によって、地元の人たちは生命や健康に甚大な被害を受けた。なのに、なぜ刑事責任が問われようとしないのか。刑事告

緊急レポート

訴は、誰にどんな非があったかをはっきりさせるために、被害を受けた県民が自ら検察に捜査を求める試みである。

告訴・告発の対象（被告訴・告発人）は、東電の勝俣恒久会長、清水正孝・前社長らの幹部、原子力安全委員会の班目春樹委員長や委員、山下俊一・福島県立医科大副学長、衣笠善博・東京工業大名誉教授、経済産業省原子力安全・保安院の前院長、文部科学省の局長ら、計33人に及ぶ。罪名は、業務上過失致死傷と公害犯罪処罰法（公害罪法）違反だ。

さまざまな**警告**を**無視**

国の関係者や学者に対する告訴・告発状によると、1997年には地震学者の石橋克彦・神戸大教授（当時）が論文で、大地震と原発事故が同時に発生する破局的災害の危険を指摘していた。しかし、原子力安全委員会は、2006年に原発の耐震設計審査指針を改訂した際、担当委員の1人だった石橋氏の警告を批判・否定して地震による原発への影響を過小評価し、具体的な津波防護策も盛り込まなかった。これによって福島第一原発の

事故を未然に防ぐことを妨げた。

また、福島第一原発の事故が発生した後、国や原子力安全委員会は、SPEEDIなどで放射性物質による汚染が広範囲に及んでいることを早期に察知していながら、防御策を積極的に取らずに放置した。放射線の専門家の学者らも、県内の汚染実態を把握していないにもかかわらず「大丈夫」「安全」との見解を流し続けた。市民の避難策を取るべき作為義務があるのに、怠って住民の避難を遅らせ、結果的に多数の住民を被曝させた。

東電の現・元幹部15人に対する告訴・告発状では、株主代表訴訟の訴状で述べられた注意義務違反の行為を挙げたうえで、「地震発生頻発国である日本において超危険物である原子力発電所を運営するにあたって、炉心損傷や溶融等の重大事故の発生を予防し、重大事故が発生した場合に被害の拡大を最小限にとどめるために、適切な安全対策を講じる注意義務があるにもかかわらず、これを怠った」と指摘している。

これらの過失の結果、たとえば、福島県大熊町の双葉病院に入院していた患者が避難に伴って相次いで死亡したケースや、農業が壊滅したことを悲観して自殺に追い込まれたケースなどが、業務上過失致死にあたるとみている。さらに、告訴人を含めた県民多数が大量の被曝をしており、身体の安全を侵したことが傷害になり、業務上過失致傷に該当す

緊急レポート

るという。「事業所などから人の健康を害する物質を排出し、公衆の生命・身体に危険を生じさせる」ことを禁じた公害罪法への違反も挙げている。

告訴団の弁護士は、①原発事故は偶発ではなく、本来やるべき仕事をしなかった結果もたらされた人為的な事故だった、②事故の前に、石橋氏の論文で指摘されたり東電が15メートル超の津波の可能性を試算したりしており、被害の予見可能性があった、③全電源喪失や冷却機能喪失などを防ぐ方策はいくつもあり、結果を回避できた可能性もあった——などを挙げて、過失罪が成立すると主張している。

不起訴になっても**検察審査会**へ

告訴・告発先を福島地検にしたのも大きなポイントだ。すでに東京地検などにいくつかの告発がされているが、ふだん福島県内に居住して仕事をしている検察官の方が、被害の実態や県民の気持ちを肌感覚で理解してくれるのではないか、という期待がある。もし不起訴になっても、福島県民が審査員を務める福島検察審査会へ不服申し立てをすれば強制

起訴になる可能性が出てくる、とも予測している。

代理人の河合弘之弁護士は「起訴するかどうかの結論が出るまでには最低1年かかる」との見通しを示したうえで、「かなりの県民が事故で被曝しており、因果関係はあるに決まっている。検察を動かすには世論を強めることが一番重要で、それに火をつけた第一歩が今日だ」と激励した。薬害エイズ問題などに携わってきた保田行雄弁護士は、被曝が傷害にあたることを立証するために、今後、学者の意見書や告訴人の被曝線量測定結果を検察に提出する考えを明らかにした。

第2次告訴・告発も

告訴団のメンバーには、福島第一原発から4キロのところに住んでいた人もおり、最年少は学齢前の子ども、最年長は80代。現在の避難先は北海道から沖縄まで全国に広がり、海外からの参加もあるそうだ。当初の目標にしていた1000人を超え、10月をめどに第2次告訴・告発をするほか、県外からの告発者も募るという。

緊急レポート

　武藤類子団長は「寄せられた陳述書はどれも心の叫びがあふれていて、胸に迫るものがある。若い人たちへの責任を果たすためにも、県民が再び一つにつながるきっかけにするためにも、行動を起こして力を取り戻したい」と話した。
　刑事告訴を通じて問われているのは、電気を消費してきた「都会」の責任でもある。危険な原発を地方に押しつけ続けてきたのは、まさに都会の住民だからだ。悲惨な事故が起きてしまったいま、原発への賛否という次元を超えて、地元から出てきたこうした草の根の動きにどう向き合うか。国民全体で考えていくべき課題である。

東電株主代表訴訟をはじめた理由

第2部

東電株主代表訴訟
原告団事務局長
木村 結

若い世代に、大人が闘っている姿を見てもらいたい

株主代表訴訟で脱原発の輪を広げる

東京電力の株主総会は23年前まではシャンシャン総会。私たちが脱原発議案を20年提案し続けても、大企業株主が東電を無批判に支えてきました。そうした状況で起きたのが福島第一原発の事故。苛酷事故の際の電源確保、津波対策を提案し続けてきたのに東電は一切聞き入れなかった。

PROFILE

木村結（きむら・ゆい）

「脱原発・東電株主運動」（http://todenkabu.blog3.fc2.com/）を1989年より始め、毎年、東京電力の株主総会で脱原発議案など提案している。2011年、東電株主代表訴訟原告に加わり、現在、同原告団事務局長。

第 2 部 東電株主代表訴訟をはじめた理由

事故まで、東電の反応は冷たかった

「脱原発・東電株主運動」というグループをスタートさせ、1991年以来、東京電力の毎年の株主総会で原子力発電の危険を訴え、廃炉や情報公開を求めてきました。でも、私たちの提案への賛成は、いつも数パーセント。事故が起きるまでずっと、東電や他の株主の反応は冷たかったですね。

「またかよ」と思われないように、取締役の半減や配当の増額、自然エネルギーへの投資なども挙げてきました。ここ数年提案している取締役の個人報酬額の開示のように、一般の株主の受けが良くて、25％以上の賛成を得ているものもあります。20年の間に、取締役は32人から19人に減ったし、自然エネルギーへの投資も進んだのですが、東電は「私たちの意見を採り入れた」とは言いません。

チェルノブイリ原発事故で危機感

私が反原発運動にかかわるようになったきっかけは、1986年のチェルノブイリ原発事故でした。小さな子どもがいたので、事故の様子を知るにつれ大きな危機感を抱きました。

私の父親は、特攻隊の生き残りです。「戦争があと1日長引いていたら、お前は生まれなかった」とよく言われました。「なんで戦争に反対できなかったの？」と問うと、「国民はみんな戦争に駆り出されていたんだ」という答えが返ってきました。「戦争に加担しない選択肢はなかったのかな」とずっと思っていました。

原発も同じことなんですね。夢のエネルギーだと信じ込まされていたけれど、チェルノブイリで事故が現実になってしまった。にもかかわらず、政府は「日本の原発は安全だ」と繰り返します。「とんでもないものに賛成していたんだ」と恐ろしくなるとともに、「いま個人の意思で立ち上がらない選択肢はなかった」と強く感じました。そして、「地球上に造ってはいけない」

第 2 部
東電株主代表訴訟を
はじめた理由

チェルノブイリ原発事故（1986年4月26日）
写真は爆発事故直後の4号炉外観（ノーボスチ通信提供）

いと、日本も同じ道を歩んでしまう」と考え、原発反対を訴えていこうと決意しました。89年の参院選では、「原発いらない人びと」というミニ政党をつくり、私も立候補しました。そこで知り合った九州の反原発グループが、九州電力の株主になって提案権などを行使する形で運動を展開していました。その年に福島第二原発3号機でポンプ破損事故が発生したのですが、私たちが事故原因の状況の説明を求めても東電は「開けてみなければわからない」の一点張りで情報を公開しません。ちょうど「効果的な運動の方法はないか」と模索していた時でした。

福島第一事故による喪失感

私たちもやろうと立ち上げたのが「脱原発・東電株主運動」だったのです。私もさっそく単元株（100株）を購入しました。メンバーの分を合わせて、株主提案ができる3万株をクリアしました。

最初の頃の株主総会は東電の本店が会場で、200人くらいしか入れず、30分くらいで

第2部
東電株主代表訴訟を
はじめた理由

終わっていました。シャンシャン総会です。副議長を置かないので、議長（東電会長）の解任動議が出ても、議長が自分で議事を進めていました。

総会屋もいましたし、関連会社や社員OBなどの「動員株主」が前列を固めていました。私たちが質問しようとしても、議事進行の動議が出て無視される。ヤジや怒号もすごくて、質問の声がかき消される。身の危険を感じ、「提案株主席」を設けてもらったほどでした。

その後、会場は日比谷公会堂に移りましたが、最前列に警備員が陣取っていたこともありました。午前10時に始まって午後1時には終わる、というのが慣例になっていました。

約20年間、そうした状況が続いている中で起きたのが福島第一原発の事故だったのです。ものすごい喪失感がありました。「私たちがやってきたことは何だったのだろう」と。

福島の知人には「力が及ばなくて、本当にごめんなさい」と詫びました。

苛酷事故の際の電源確保にしても、津波対策にしても、私たちはずっと提案し続けてきたのに東電は一切聞き入れなかった、というのが一つ。それから、私たちが提案し続けてきたことが、不十分でも東電に安全対策を取らせることにつながっている部分があると多少は自負していたのに、あれだけの事故が起きてしまった、というのが一つ。

そんな時に河合弘之弁護士の働きかけを受けて起こしたのが、今回の株主代表訴訟です。

原告は42人の株主で、そのうち「脱原発・東電株主運動」の会員は35人ほど。あとは、事務局のニュースや集会での呼びかけに応えて参加してくれた方です。

東電の現・元取締役に対して、黙っていられない

20年近く前に、株主総会の決議無効を求める訴訟の原告に加わったことがあります。裁判は時間がかかるし、総会の決議が有効な手続きを踏んだとの判断で審理も2回程しか開かれず不信感だけが残されました。裁判に対して、今でもそういう気持ちがないとは言えないのは事実です。

でも、これだけの事故を起こした東電の現・元取締役に対して、黙ってはいられませんでした。株主代表訴訟には条件があって、事故の直接の被害者であっても起こすことはできませんから、むしろ原告になれる株主には提訴する義務があると考えました。もともと、株主運動の出発点は「危険な原発を押しつけて豊かさを享受している私たちにできることをやる」。訴訟に加わることを決め、原告団の事務局長を引き受けました。

第2部
東電株主代表訴訟をはじめた理由

日本は肩書社会です。肩書に隠れて悪事を働いても、肩書が外れれば退職金を受け取り、隠居してのうのうとした暮らしを送ることができる。「個人」が責任を取る風土はなく、何か問題が起きれば「仕事のため、会社のため、国のためにやったことだから」と言い訳し、それが通ってきました。でも、今回の原発事故の被害者は、土地や家を失い、郷里を追われて、たいへんな思いをしています。おかしいですよ。原発を推進してきた個人の責任をきちんと問うべきなのです。

被告となった27人の現・元取締役には、訴訟への対応を東電任せにするのではなく、「自分で弁護士を頼んで火の粉を振り払いなさい」と言いたいですね。少なくとも、法廷に出てきて、自ら弁明をしてほしいと思います。

東電の監査役の返答に失望

訴訟を起こす前提の手続きとして、東電の監査役（7人）に提訴するよう求めた際の返答には、改めて失望しました。「取締役に責任はない」との見解なのですが、社外監査役

を含めて誰も反対していません。「東電の言いなり」という印象を受けました。「1人でもハンコを押さない監査役がいればいいな」と淡い期待を持っていただけに、残念でした。いまだに東電は「福島第一原発は津波でダメになった」と言い続け、地震による事故だったとは認めていません。今回の裁判を通じて、「地震が原発事故を引き起こした。だから、地震国の日本のどこにも、原発は造れない」と立証したいと考えています。最近の原発再稼動の論議を見ていると、政府や電力会社は電力需給＝経済問題にすり替えようとしていますが、あくまで命の、人権の問題です。

裁判官が私たちの主張をきちんと読み込んでくれれば、結論は明らかだと思っています。他の電力会社の対応にも大きく影響する判決を期待しています。

賠償金は原発事故被害者の賠償に

この訴訟での賠償金は原告である株主一人ひとりに入ってくるものではありません。原発事故に責任があると認められた現・元取締役が会社に対して支払うものです。

第2部
東電株主代表訴訟を
はじめた理由

勝訴したとしても、5兆5千億円もの賠償を現・元取締役から取るのは無理でしょう。でも、たとえ実際に取れる金額がそれほど多くはないとしても、先に述べたように、個人に賠償させる意義は大きいのです。

現・元取締役が賠償したお金が東電に戻ることに抵抗を感じる向きもあるようですが、私たちは決して、会社を潤わせたり株主に利益を得させたりすることを意図しているのではありません。すべて原発事故の被害者への賠償に充てさせることを、訴訟の目的に掲げています。

若い世代や子どもたちに、大人が闘っている姿を見てもらいたいと思っています。原発のことにしても、子育て中の母親たちが国や官僚といった制度に直接行動を起こせないのは、いまの教育情勢からすると仕方のないことかもしれません。でも、権利は与えられるものではないし、民主主義は簡単に手に入るものではない。目指すものを得るためには、しんどくても1人1人が立ち上がるしかない。今回の訴訟を通じて、そのことを示し、脱原発の輪を広げていきたいですね。

東電株主代表訴訟
原告
浅田正文

原発をなくして新しい日本に生まれ変わってほしい

株主総会から株主代表訴訟へ

原発事故によって、第二の人生と第二の故郷が、一瞬にして奪われた。

「帰りたい、でも帰れない。やるせない、無念、悔しい」と訴えました。

「東電は、原発を動かす資格はない」、「脱原発を高らかに議決してほしい」と呼びかけました。会場はしーんとして、聞き入ってくれている感じでした。

その時は「流れが変わったかもしれない」と思いました。

PROFILE

浅田正文（あさだ・まさふみ）

1941年、東京都生まれ。71歳。東京都内で54歳までシステムエンジニアとして働いた後、1995年夫婦で福島県都路村（現田村市都路町）に移り住み、「自然農」で自給自足の第二の人生を始める。原発事故後は、都路地区に避難指示が出たため、石川県金沢市に避難。現在も金沢在住。

第2部
東電株主代表訴訟を
はじめた理由

事故後の株主総会で発言

2011年6月28日、福島第一原子力発電所の事故が起きてから最初の東京電力の株主総会で、原発からの撤退を求める議案の趣旨説明をしました。「脱原発・東電株主運動」の提案に賛同した402人の株主の代表としてです。世界が注目しているかと思うと、さすがに緊張しました。

自席で発言するように言われていましたが、最前列まで行って、会場の株主や檀上の経営陣を見ながら話しました。3分間でまとめるように注文されていましたが、会社提案はもっと時間を使って説明するのだからと、結果としては、10分ほどかかってしまいました。制止はされませんでした。

原発事故によって、自分の十数年間の福島での生活が、第二の人生と第二の故郷が、一瞬にして奪われたことに触れ、「帰りたい、でも帰れない。やるせない、無念、悔しい、どんなに言葉を並べてもこの気持ちは言い尽くせない」と訴えました。「東電はハード（装

置）もソフト（組織）もひび割れしている。原発を動かす資格はない」と指摘し、「脱原発を高らかに議決してほしい」と呼びかけました。

会場はしーんとして、聞き入ってくれている感じでした。その時は「流れが変わったかもしれない」と思いましたね。

折紙のバラを東電の社長と会長に贈った

発言を終えた後、折紙のバラを東電の社長と会長あてに渡しました。福島の子どもたちへの救援金を募るために、支援者が折ったものです。「自分の子や孫に重ね合わせて、ひどい目に遭っている福島の子どもたちのことを考えてほしい」という願いを込めました。

後日談があります。東電から社長・会長連名の手紙が送られてきたのです。「株主総会で頂戴したお花に込められた思いを真摯に受けとめ、みなさまが一日も早くご帰宅できるよう、事故の収束に向けて全力を尽くしたい」と書かれていました。

株主運動のメンバーによると、「前例がない」とのことでした。「今後ともご指導賜りま

第2部
東電株主代表訴訟をはじめた理由

原発事故前まで住んでいた自宅（2012年6月10日。撮影：編集部）

第二の人生を福島で

 すよう」とあったので、「『脱原発』へ舵を切るように」と返事を出しました。もっとも、その後の東電の対応は「値上げは権利」発言に象徴されるように傲慢で、「体質は変わっていないな」とがっかりしましたが……。

 私も妻（眞理子さん＝63歳）も東京出身です。私はシステムエンジニアとして働いていましたが、54歳の時に会社を早期退職して福島県都路村（現・田村市都路町）に家を建て、夫婦で自給自足の生活を始めま

した。福島第一原発から西に25キロ圏内です。

実はそれまで、東京の電気がどこから来ているのか気にしたことがありませんでした。でも、福島で暮らしていると、原発のトラブルを伝えるニュースが頻繁に流れます。専門家の講演を聞いて、本当に危ない事故が実際に起きていることも知りました。「すぐに目覚めた」という感じでした。まず、福島第一原発7、8号機の増設の是非を県民投票で問おうとする運動に加わりました。そこで紹介されたのが「脱原発・東電株主運動」でした。

東電の株式を100株買い、その後、800株まで増やしました。利殖目的ではありませんから、脱原発が実現するまで持ち続けますよ。脱原発が実現したら、今度はエールを送る気持ちで持ち続けます。今回の原発事故で株価は大幅に下落しましたけれど、

反原発運動に本腰を入れるようになったのは、1999年に起きたJCOの臨界事故がきっかけです。福島で毎月1回行われていた東電との交渉にも参加するようになりました。でも、東電の担当者の説明は何を言いたいかわかりませんし、資料もくれません。私たちを全く違う人類と見ているようで、「適当にあしらえばいい」という様子がありありでした。

それは、東電の株主総会にも通じるところです。

第2部
東電株主代表訴訟を
はじめた理由

株主代表訴訟での3つの目的

株主代表訴訟のことは株主運動のメンバーから聞き、即座に賛成して参加を決めました。原発事故の被害者が命を落とすほどの地獄の苦しみを味わっている一方で、「加害者」の取締役は多額の退職金・慰労金をもらいながらぬくぬくと暮らす。そんな様子を想像するだけで、被害を受けた1人として到底納得できないからです。

私自身の目的は3つあります。まずは、責任のある立場にいる人・いた人に自らの責任を認めさせ、会社に与えた損害を賠償させること。次に、原発は本当に必要なのか、子や孫の世代への影響を含めて真剣に考え直してもらうこと。そして、東電に限らず、他の電力会社が原発を見直すきっかけにすること。すべては、原発をなくして新しい日本に生まれ変わってほしい、という願いからです。長い裁判になるでしょうけれど、積極的に関わっていきたいと思っています。

思うように農業をやりたくて

東日本大震災と福島第一原発の事故で、私の自宅や田畑も大きな被害を受けました。もともと「自分の土地で思うように農業をやりたい」というのが福島に移住した動機でした。雑木林や秋の草花が彩る風景を見て、一目ぼれした場所だったのです。900坪の敷地に家を建て、近所の田畑を借り米や野菜、雑穀を、奈良の川口由一さんに学んだ「自然農」で栽培していました。最初は市民農園のようなやり方でしたけれど、最近では大豆の種豆を近所の農家に分けるまでになっていたんですよ。都路では寒くて栽培できないとされていたタマネギやサツマイモにチャレンジし、その栽培に成功しました。

時間の流れはゆったりしていて、慣れればそれほど不便でもない。生活は本当に気に入っていました。自分たちで栽培した食べ物の備蓄はあるし、ストーブで焚く薪は雑木林で調達できるし、水にも困らないから、実は「災害に遭っても、ここが一番安心できる」と思っていたのです。

第2部
東電株主代表訴訟を
はじめた理由

「自然農」で作物を作っていた田畑。すっかり雑草におおわれている（2012年6月10日。撮影：編集部）

避難生活がこんなに長くなるとは思わなかった

大震災が起きた時は、郡山市にいました。自宅に飛んで帰る間も、沿道の塀が倒れていたりビルのガラスが割れて落ちていたりして、怖かったです。自宅の屋根瓦は落ち、玄関の下駄箱が倒れていて中に入れない状態でした。室内には食器が割れて散乱していました。余震は続くし、停電している。

それでも「原子炉に制御棒が入った」とのニュースを聞いて、安心していました。

ところが翌日になって、隣家の方から「福島第一原発が爆発した」と聞かされます。

「もう手遅れだ」とピンと来ました。その夜、都路地区に避難指示が出た段階で、遠くに逃げようと決めました。着の身着のまま、ヘルメットをかぶり、寝袋と水、あるだけの菓子だけを携えて、連絡をくれていた金沢市の友人のところへ向かいました。友人宅で世話になった後、市営住宅を経て、今も金沢で暮らしています。

率直に言うと、避難生活がこんなに長くなると想定しておらず、2、3日くらいのつもりでした。まさか原発があんなことになるとは、本気では思っていなかった。やはり安全神話にのせられていて、真の意味でチェルノブイリに学んでいなかったと痛感しました。

だから今は、二度と原発の事故を起こしてほしくない、と心の底から願っています。私たちの金沢での生活は、他の被害者に比べれば恵まれているので、「世の中を変えるチャンスだから、もっと反原発運動を一生懸命しないと」と受けとめています。

もはやこの**土地**をあきらめるしかないか

事故の後、福島の自宅には数回帰りました。でも、放射性物質のことを考えると窓も開

第 2 部
東電株主代表訴訟を
はじめた理由

けられないし、周囲のものにもむやみに触れられません。放射線量を測ったら、畑に行く途中の杉林で毎時 5 マイクロ・シーベルト近くを検出しました。薪からは 1.7 マイクロ・シーベルト出たので、焚くことができません。室内は 0.3 マイクロ・シーベルトでしたが、カビ臭さに耐えきれずに、うっかり窓を開けると 0.7 に上がりました。

根こそぎ失った感じですが、何より、ずっと培ってきた豊かな田畑が使えなくなったことが悔しいです。私たちが実践していたのは「自然農」と呼ばれる農法でした。なるべく自然に即したやり方を採り入れ、土地の力で作物を育んでもらいます。畝は作るけれど、全く耕さず、肥料を施さず、草も刈って根元に敷いていました。

だから、「除染」はあり得ないのです。帰っても元の生活はできない、もはや土地をあきらめるしかないのだと理屈ではわかっていても、気持ちは福島にあります。そんな葛藤が、1 年以上経った今も続いています。振り返っても涙が出てくるだけなのですが、将来のことを考えられる状況ではない。とても不安です。原発事故の被害は、お金には換算できないし、決して償えないのだと強く感じています。

土地を汚されて被害を受けるのは、農村だけではありません。安全な食べ物が作れなくなって困るのは誰か、消費者も一緒に、改めて見つめたいですね。

こんな目に遭うのは、私たちだけでいいと思います。だからこそ、全国のすべての原発を永久に停めて、廃炉にしたい。脱原発によって、新しい日本を築いていきたい。

福島で起きたことを自分の問題としてとらえてほしい

「どんな支援ができますか」とよく尋ねられます。「脱原発」を共にと言うと、国策にたてつくような印象があるからでしょうか、会話が途切れてしまうことがあります。

でもまずは、福島で起きたことを自分の問題としてとらえてほしいですね。政府やマスコミの情報に頼るだけでなく、自分の頭で原発とは何かを考えてください。そして、とにかく声に出してもらいたい。それが新たな動きを生み出す第一歩なのです。株主代表訴訟の原告として、私もそのきっかけをつくっていくつもりです。

13	廣瀬直己	H22.6.25	現職		○	○	○	○	×	○
14	小森明生	H22.6.25	現職	○	○	○	○	○	○	○
15	宮本史昭	H22.6.25	現職		○	○	○	○	×	○
16	青山 侑	H15.6.26	H24.2.14		○	○	○	○	×	○
17	清水正孝	H13.6.27	H23.6.28		○	○	○	○	○	○
18	森田富治郎	H15.6.26	H23.6.28		○	○	○	○	×	○
19	藤原万喜夫	H19.6.26	H23.6.28	○ (H18.6~H19.6)	○	○	○	○	○	○
20	武藤 栄	H20.6.26	H23.6.28	○	○	○	○	○	○	○
21	武黒一郎	H13.6.27	H22.6.25	○	○	○	○	○	×	×
22	田村滋美	H7.6.29	H20.6.26		○	○	○	○	×	×
23	榎本晃章	H7.6.29	H19.6.26		○	○	○	○	×	×
24	服部拓也	H12.6.28	H18.6.28	○	○	○	○	○	×	×
25	南 直哉	H1.6.29	H14.10.14		○	○	○	○	×	×
26	荒木 浩	S58.6	H14.9.30		○	○	○	○	×	×
27	榎本聰明	H9.627	H14.9.30	○	○	○	○	○	×	×

第3部 東電株主代表訴訟 関連資料

（別紙）

被告責任原因一覧表

	氏名	就任時期	退任時期	原発担当取締役	根本的な義務違反（第5の1）	津波対策の不備（第5の2）	シビアアクシデント対策の不備（第5の3）	外部電源確保の義務違反（第5の4）	ICの操作についての事故当時の過誤（第5の5）	2,3号機についてのベントの遅れと海水注入の遅れの責任（第5の6）
1	勝俣恒久	H8.6.27	現職		○	○	○	○	○	○
2	木村 滋	H15.6.26	現職		○	○	○	○	×	○
3	皷 紀男	H15.6.26	現職	○	○	○	○	○	○	○
4	藤本 孝	H15.6.26	現職		○	○	○	○	×	○
5	山崎雅男	H18.6.28	現職		○	○	○	○	×	○
6	武井 優	H19.6.26	現職		○	○	○	○	×	○
7	山口 博	H19.6.26	現職		○	○	○	○	×	○
8	西澤俊夫	H20.6.26	現職		○	○	○	○	×	○
9	相澤善吾	H20.6.26	現職		○	○	○	○	×	○
10	内藤義博	H20.6.26	現職		○	○	○	○	×	○
11	荒井隆男	H21.6.25	現職		○	○	○	○	×	○
12	高津浩明	H22.6.25	現職		○	○	○	○	×	○

平成21 (2009) 年6月		岡村行信氏による貞観地震による津波についての指摘（第32回合同WG）	無視
平成21 (2009) 年6月	福島第一原発1号機から3号機までの廃炉提案		反対
平成21 (2009) 年7月		設計用津波波高の評価に貞観地震を考慮するように示唆を受ける（第33回合同WG）	
平成22 (2010) 年12月		平成21年度地震に係る確率論的安全評価手法の改良＝BWRの事故シーケンスの試解析＝（経済産業省所管の独立行政法人「原子力安全基盤機構」）の公表 →防波堤を超える高さの津波が襲来した場合、極めて高い確率で炉心損傷まで至ることを指摘	無視
平成23 (2011) 年3月7日			保安院に対して、明治三陸地震及び貞観地震をもとにした試算を報告
平成23 (2011) 年3月11日			結局、何らの有効な対策も講じないままに本件地震を迎える。

第 3 部
東電株主代表訴訟
関連資料

平成18（2006）年 9 月		「発電用原子炉施設に関する耐震設計審査指針」（新耐震指針）の公表 →事業者に対し、津波についても、「施設の共用期間中に極めてまれではあるが発生する可能性があると想定することが適切な津波によっても、施設の安全機能が重大な影響を受けるおそれがないこと」を十分考慮するよう要求	新耐震指針を受けて、バックチェック開始
平成19（2007）年 6 月28日	新耐震指針に従った原発事業見直しの提案		反対
平成20（2008）年春			明治三陸地震等をもとにした試算の実施（O.P.＋13.7m〜15.7m） 延宝房総沖地震をもとにした試算の実施（O.P.＋13.6m） →いずれも握りつぶす
平成20（2008）年 8 月		地震に係る確率論的安全評価手法の改良＝BWRの事故シーケンスの試解析＝（経済産業省所管の独立行政法人「原子力安全基盤機構」）の公表 →津波の影響で、炉心損傷に至る可能性があることを指摘	無視
平成20（2008）年12月			佐竹健治氏らによる貞観津波の波源モデルに関する論文案に基づく試算の実施（O.P.＋8.7m〜9.2m） →握りつぶす
平成21（2009）年 2 月			バックチェックの過程で、設計津波水位をO.P.＋5.4m〜6.1mに修正

各種警告時系列表

(別紙)

	株主総会	各種研究報告等	東京電力の対応
平成7（1995）年6月	原発の新設・増設を中止することを提案／原子力発電所事故に備えて防災体制の確立を図る旨の提案		反対
平成14（2002）年2月		原子力発電所の津波評価技術（2002年）の公表 →痕跡高記録が残されている津波を評価対象として選定して、設計津波水位を算定していく手法を採用	
平成14（2002）年3月			津波評価技術に基づく安全性評価を実施。設計津波水位を当初のO.P.＋3mからO.P.＋5.4m〜5.7mに変更
平成14（2002）年7月		「三陸沖から房総沖にかけての地震活動の長期評価について」（文部科学省の地震調査研究推進本部の地震調査委員会）の公表 →三陸沖から房総沖の日本海溝沿いでマグニチュード8クラスの地震が起き得るとの見解を公表	
平成17（2005）年6月28日	1978年以前に設計を行った原子炉の閉鎖／地元の同意なしに損傷が確認されている原子力発電設備を運転しない旨の提案		反対
平成18（2006）年7月			長期評価を受けて、マイアミ報告書（東京電力原子力・立地本部の安全担当らの研究チーム）を作成（波高13m以上との試算）

第3部
東電株主代表訴訟
関連資料

26	荒木　浩	昭和29年4月	東京電力入社
		昭和54年6月	総務部長
		昭和58年6月	取締役総務部長
		昭和61年6月	常務取締役
		平成3年6月	取締役副社長
		平成5年6月	取締役社長
		平成7年6月	電気事業連合会会長
		平成11年5月	経済団体連合会副会長
		平成11年6月	取締役会長
		平成14年5月	日本経済団体連合会副会長
		平成14年9月30日	取締役辞任
27	榎本　聰明	昭和40年4月	東京電力入社
		平成7年6月	柏崎刈羽原子力発電所長
		平成9年6月	取締役原子力本部副本部長兼技術開発本部副本部長
		平成11年6月	常務取締役原子力本部長
		平成14年6月	取締役副社長原子力本部長
		平成14年9月30日	取締役辞任

21	武黒 一郎	昭和44年6月 平成12年6月 平成13年6月 平成16年6月 平成17年6月 平成19年6月 平成22年6月25日	東京電力入社 原子力計画部長 取締役柏崎刈羽原子力発電所長 常務取締役原子力・立地本部副本部長兼技術開発本部副本部長 常務取締役原子力・立地本部長 取締役副社長原子力・立地本部長 取締役退任
22	田村 滋美	昭和36年4月 平成3年6月 平成7年6月 平成8年6月 平成9年6月 平成11年6月 平成12年6月 平成14年9月 平成14年10月 平成14年10月 平成20年6月26日	東京電力入社 建設部長 取締役建設部担当 取締役建設部担任兼送変電建設本部副本部長 常務取締役送変電建設本部長 取締役副社長送変電建設本部長 取締役副社長 取締役副社長倫理担当 取締役副社長倫理担当兼新事業推進本部長 取締役会長倫理担当 取締役退任
23	桝本 晃章	昭和37年4月 平成3年6月 平成7年6月 平成10年6月 平成11年6月 平成13年6月 平成14年10月 平成16年6月 平成16年6月 平成19年6月26日	東京電力入社 広報部長 取締役広報部長 取締役広報部担任兼環境部担任 常務取締役 取締役副社長 取締役副社長立地地域本部長 取締役 電気事業連合会副会長 取締役退任
24	服部 拓也	昭和45年4月 平成8年6月 平成12年6月 平成14年6月 平成15年6月 平成16年6月 平成17年6月 平成18年6月26日	東京電力入社 原子力計画部長 取締役福島第一原子力発電所長兼原子力本部福島第一原子力調査所長 取締役原子力本部副本部長 常務取締役原子力本部副本部長 常務取締役技術開発本部長 取締役副社長 取締役辞任
25	南 直哉	昭和33年4月 昭和60年6月 平成元年6月 平成3年6月 平成8年6月 平成11年6月 平成13年6月 平成14年10月14日	東京電力入社 企画部長 取締役企画部担任兼広報部担任 常務取締役 取締役副社長 取締役社長 電気事業連合会会長 取締役辞任

第3部
東電株主代表訴訟
関連資料

16	青山 佾	昭和42年4月	東京都入都
		平成9年7月	東京都政策報道室理事
		平成11年5月	東京都副知事
		平成15年6月	取締役
		平成16年4月	明治大学大学院教授
		平成24年2月	取締役辞任
17	清水 正孝	昭和43年4月	東京電力入社
		平成9年6月	資材部長
		平成13年6月	取締役資材部長
		平成14年6月	取締役資材部担任
		平成16年6月	常務取締役
		平成18年6月	取締役副社長
		平成20年5月	社団法人日本経済団体連合会副会長
		平成20年6月	取締役社長
		平成23年6月28日	取締役退任
18	森田 富治郎	昭和39年4月	第一生命保険相互会社（現第一生命保険株式会社。以下同じ）入社
		平成3年7月	同社取締役運用本部長兼運用企画部長
		平成4年7月	同社取締役運用本部長
		平成5年4月	同社常務取締役
		平成8年4月	同社代表取締役副社長
		平成9年4月	同社代表取締役
		平成15年6月	取締役
		平成16年7月	第一生命保険相互会社代表取締役会長
		平成19年5月	社団法人日本経済団体連合会副会長
		平成23年6月28日	取締役退任
19	藤原 万喜夫	昭和49年4月	東京電力入社
		平成18年6月	執行役員原子力・立地本部副本部長兼原子力立地業務部長
		平成19年6月	常務取締役新事業推進本部長
		平成21年6月	常務取締役販売営業本部副本部長
		平成22年6月	取締役副社長販売営業本部長
		平成23年6月	取締役副社長お客さま本部長
		平成23年6月28日	取締役退任
		平成23年6月	常任監査役・監査役会会長（現職）
20	武藤 栄	昭和49年4月	東京電力入社
		平成17年6月	執行役員原子力・立地本部副本部長
		平成20年6月	常務取締役原子力・立地本部副本部長
		平成22年6月	取締役副社長原子力・立地本部長
		平成23年6月28日	取締役退任

6	武井　優	昭和47年4月 平成16年6月 平成19年6月 平成22年6月	東京電力入社 執行役員経理部長 常務取締役 取締役副社長（現職）
7	山口　博	昭和50年4月 平成18年6月 平成19年6月	東京電力入社 執行役員電力流通本部副本部長 常務取締役電力流通本部副本部長（現職）
8	西澤　俊夫	昭和50年4月 平成18年6月 平成20年6月 平成23年6月	東京電力入社 執行役員企画部長 常務取締役 取締役社長（現職）
9	相澤　善吾	昭和50年4月 平成19年6月 平成20年6月 平成23年6月	東京電力入社 執行役員火力部長 常務取締役 取締役副社長原子力・立地本部長（現職）
10	内藤　義博	昭和49年4月 平成18年6月 平成20年6月	東京電力入社 執行役員千葉支店長 常務取締役（現職）
11	荒井　隆男	昭和50年4月 平成19年6月 平成21年6月 平成22年6月	東京電力入社 執行役員燃料部長 常務取締役新事業推進本部長 常務取締役（現職）
12	高津　浩明	昭和52年4月 平成21年6月 平成22年6月 平成23年6月	東京電力入社 執行役員技術開発本部副本部長 常務取締役技術開発本部長 常務取締役お客さま本部長（現職）
13	廣瀬　直己	昭和51年4月 平成20年6月 平成22年6月 平成23年3月	東京電力入社 執行役員神奈川支店長 常務取締役 常務取締役福島原子力被災者支援対策本部副本部長（現職）
14	小森　明生	昭和53年4月 平成20年6月 平成22年6月 平成23年6月	東京電力入社 執行役員原子力・立地本部福島第一原子力発電所長兼立地地域部福島第一原子力調査所長 常務取締役原子力・立地本部長 常務取締役原子力・立地本部副本部長兼福島第一安定化センター所長（現職）
15	宮本　史昭	昭和52年4月 平成19年6月 平成22年6月	東京電力入社 執行役員システム企画部長 常務取締役（現職）

第3部
東電株主代表訴訟
関連資料

(別紙)

被告経歴一覧表

	被告		経歴
1	勝俣 恒久	昭和38年4月	東京電力入社
		平成5年6月	企画部長
		平成8年6月	取締役企画部長
		平成9年6月	取締役企画部担任兼業務管理部担任兼総務部担任
		平成10年6月	常務取締役
		平成11年6月	取締役副社長
		平成13年6月	取締役副社長新事業推進本部長
		平成14年10月	取締役社長
		平成16年5月	社団法人日本経済団体連合会副会長
		平成17年4月	電気事業連合会会長
		平成20年6月	取締役会長(現職)
2	木村 滋	昭和46年7月	東京電力入社
		平成13年6月	電力契約部長
		平成15年6月	取締役営業部担任電力契約部長
		平成16年6月	執行役員販売営業本部副本部長
		平成17年6月	常務取締役販売営業本部副本部長
		平成19年6月	取締役副社長販売営業本部長
		平成22年6月	取締役(現職)
		平成22年6月	電気事業連合会副会長
3	皷 紀男	昭和44年4月	東京電力入社
		平成14年6月	理事立地地域本部立地部長兼環境部
		平成15年6月	取締役立地地域本部副本部長
		平成16年6月	常務取締役原子力・立地本部副本部長
		平成18年6月	常務取締役
		平成18年12月	常務取締役原子力・立地本部副本部長
		平成19年6月	取締役副社長原子力・立地本部副本部長
		平成23年3月	取締役副社長福島原子力被災者支援対策本部副本部長兼原子力・立地本部副本部長
		平成23年6月	取締役副社長福島原子力被災者支援対策本部長兼原子力・立地本部副本部長(現職)
4	藤本 孝	昭和45年4月	東京電力入社
		平成13年6月	配電部長
		平成15年6月	取締役情報通信事業部長
		平成16年6月	常務取締役新事業推進本部副本部長
		平成18年6月	常務取締役新事業推進本部長
		平成19年6月	取締役副社長電力流通本部長(現職)
5	山﨑 雅男	昭和47年4月	東京電力入社
		平成17年6月	執行役員総合研修センター所長
		平成18年6月	常務取締役
		平成22年6月	取締役副社長(現職)

(別紙)

被告目録

	氏名	郵便番号	住所
1	勝俣　恒久		
2	木村　滋		
3	皷　紀男		
4	藤本　孝		
5	山﨑　雅男		
6	武井　優		
7	山口　博		
8	西澤　俊夫		
9	相澤　善吾		
10	内藤　義博		
11	荒井　隆男		
12	高津　浩明		
13	廣瀬　直己		(略)
14	小森　明生		
15	宮本　史昭		
16	青山　佾		
17	清水　正孝		
18	森田　富治郎		
19	藤原　万喜夫		
20	武藤　栄		
21	武黒　一郎		
22	田村　滋美		
23	桝本　晃章		
24	服部　拓也		
25	南　直哉		
26	荒木　浩		
27	榎本　聰明		

	確率論的安全評価手法の改良＝BWRの事故シーケンスの解析＝
甲第22号証	FUKUSHIMAレポート（抜粋）
甲第23号証	平成24年1月13日付け不提訴理由通知書
甲第24号証	平成23年6月4日付け朝日新聞インターネット記事
甲第25号証	平成23年8月9日付け特別損失の計上に関するお知らせ
甲第26号証	平成23年10月3日付け東京電力に関する経営・財務調査委員会による委員会報告
甲第27号証の1	平成23年11月14日付け取締役に対する訴え提起請求書
甲第27号証の2	郵便物等配達証明書

附属書類

1　訴状副本　　　27通
2　訴訟委任状　　42通

原告目録　　　　　　　　　（別紙）

(略)

代理人目録　　　　　　　　（別紙）

(略)

	査報告書（中間報告書）
甲第8号証	平成23年12月26日付け東京電力福島原子力発電所における事故調査・検証委員会中間報告書
甲第9号証の1ないし16	第71回～第73回、第75回～第87回定時株主総会開催ご通知
甲第10号証	平成14年2月付け原子力発電所の津波評価技術
甲第11号証	平成14年7月31日付け三陸沖から房総沖にかけての地震活動の長期評価について
甲第12号証	平成23年3月30日付けロイター特別リポート
甲第13号証	平成23年8月25日付け東京電力記者会見資料
甲第14号証	平成18年9月19日付け発電用原子炉施設に関する耐震設計審査指針
甲第15号証	平成23年3月7日付け東京電力作成福島第一・第二原子力発電所の津波評価について
甲第16号証	平成23年10月6日付け法と経済のジャーナル記事
甲第17号証	合同WG（第32回）議事録
甲第18号証	平成23年6月付け原子力安全に関するIAEA閣僚会議に対する日本政府の報告書
甲第19号証	合同WG（第33回）議事録
甲第20号証	平成20年8月付け地震に係る確率論的安全評価手法の改良＝BWRの事故シーケンスの解析＝
甲第21号証	平成22年12月付け平成21年度地震に係る

理由通知書」)。

第9 最後に

　原告らは、本訴訟に補助参加することが予測される東京電力に対し、この訴訟によって回収された金員を原発事故の被害者の方々に対する損害賠償として使用することを要求する。

　本件苛酷事故により、被害者は、生命、身体、財産上の重大な損害を被り、職を失い、家を失い、土地を失い、故郷を失い、人生を不本意に変えられ、コミュニティーや家庭を分裂若しくは破壊され、生きる希望を失いかねないほどの絶望感を味わい、塗炭の苦しみの中にいる。これらの被害の最大の責任者は、被告らである。

　しかるに、被告らは、個人的には全く財産上の責任を取っていない。このまま推移すると、被告らのうちの一部は、何事もなかったかのように円満に定年退職をして、多額の退職金を受領し、関連法人に天下りして安楽な人生を送ると思われる。それでは、原発被災者の方々の人生と余りにバランスを失し不公平である。

　したがって、原告らは、東京電力に対し、被告らから回収する金員をもって原発被災者の方々の賠償金として使用することを要求する。

　　　　　　　　　　　　証拠方法
甲第1号証　　　　　　　履歴事項全部証明書
甲第2号証　　　　　　　閉鎖事項全部証明書
甲第3号証の1ないし7　　有価証券報告書（抜粋）
甲第4号証の1ないし42　 個別株主通知申出受付票
甲第5号証の1ないし42　 個別株主通知済通知書
甲第6号証　　　　　　　「原発・放射能図解データ」大月書店刊（抜粋）
甲第7号証　　　　　　　平成23年12月2日付け福島原子力事故調

兆5402億円に上ると試算している。また、第三者委員会報告書では、東京電力の実態純資産の算定において、福島第一原発1号機〜4号機の本件苛酷事故に起因する廃炉費用の追加分を9643億円と見積もっている。そして、これらの金額には、中間指針において取り上げられなかった損害項目にかかる損害額も、本件苛酷事故により放出された放射性物質により汚染された土壌などの除染費用にかかる損害額も含まれていない。

3 小括

したがって、被告らの善管注意義務違反により生じた本件苛酷事故により、東京電力が被った損害は、少なくとも、上記の第三者委員会報告書の試算額の合計である金5兆5045億円を下らない。

第7 結論

よって、原告らは、被告らに対して、任務懈怠に基づく損害賠償として、連帯して上記損害金5兆5045億円及びこれに対する本訴状送達の日の翌日から支払済みまで民法所定の年5分の割合による遅延損害金を東京電力に対して支払うよう求める。

第8 東京電力に対する訴え提起の請求

なお、原告らは、東京電力の監査役に対し、平成23年11月14日付け、同月15日到達の「取締役に対する訴え提起請求書」により、被告らの責任を追及する訴えを提起するよう請求をした（甲27の1「平23年11月14日付け取締役に対する訴え提起請求書」、甲27の2「郵便物等配達証明書」）。

しかしながら、同監査役らは、いずれも、同提訴請求書が東京電力に到達した日から、60日以上を経過した今日に至るまで、被告らの責任を追及する訴訟を提起していない。なお、同監査役らは、平成24年1月13日付けの不提訴理由通知書において、被告らの責任を否定し、提訴の必要性はないと結論付けている（甲23「平成24年1月13日付け不提訴

ンス（企業統治）の欠如である。

　長期間に亘りそれを容認し放置していた被告ら全員に善管注意義務違反が認められる。逆に、仮に原子力発電案件が常に取締役会に上程され、全役員が問題点を把握したうえで賛成していた（不提訴理由通知書（甲23）はそのように主張するかのようである。）のだとすれば、全取締役が連帯してその自らした「賛成」の責任を負うことは明らかである。

第6　損害の発生及び損害額
1　東京電力自身の試算
　東京電力は、原子炉等の冷却や放射性物質の飛散防止等の安全性の確保等に要する費用又は損失、福島第一原発1号機〜4号機の廃止に関する費用または損失等として、平成23年(2011年)度第1四半紀終了時点で、既に累計で7027億円もの災害特別損失を計上している（甲25「23年8月9日付け特別損失の計上に関するお知らせ」)。また、東京電力は、原子力損害賠償費として、同時点において既に3977億円もの特別損失を計上している。そして、東京電力自身、これらの計上額は、あくまで平成23年（2011年）度第1四半期終了時点において合理的に見積が可能な範囲における概算額であり、更に増加するであろうことを認めている。

2　第三者委員会「経営・財務調査委員会」の試算
　事実、東京電力の試算査定や経費見直しを進めている政府の第三者委員会「経営・財務調査委員会」が文部科学省の原子力損害賠償紛争審査会が取りまとめた中間指針（以下「中間指針」という。）に基づいて作成した報告書（以下「第三者委員会報告書」という。）（甲26「平成23年10月3日付け東京電力に関する経営・財務調査委員会による委員会報告」)では、農林漁業や観光業などへの風評被害や財物価値の損失などの一過性の損害を2兆6184億円、避難や営業損害・就労不能など事故収束までかかる損害額を初年度1兆246億円、2年度目8972億円と推計しており、東京電力が支払いを要する損害賠償額は、平成25年（2013年）3月末までで4

き注意義務が被告勝俣、武藤ほか事故当時取締役らにあった。しかるに被告勝俣、武藤ほか事故当時取締役らはベントを遅らせ、冷却水面が炉心の頭部より下になる状態（すなわち炉心露出状態－これにより炉心溶融が進行する）を招いて高圧蒸気の放射能汚染を進行させ、その後にようやくベントしたため、大量の放射能放出を招いて多くの人々を被曝させ、環境を汚染した。その後に、海水注入をして炉心を水没させたが、放射能大量放出のあとである。

　菅直人首相（当時）は、早期にベントをし、海水注入することを主張したが、被告らは「格納容器の温度と圧力ができるだけ上がったところで抜いた方が抜けるエネルギーが大きくなる。ベント開放は1回しかできないから、できるだけ粘って最後にした方がいい」などと意味不明なことを理由に抵抗して、ベントと海水注入を遅らせたのである。これはひとえに、海水注入をすると原子炉が以後使用不能となるため、財産的損害を避けようとしたためである。人命よりも財産を優先させた違法行為である（甲22「FUKUSIMAレポート（抜粋）」85頁以下）。

　事故当時、被告勝俣、武藤ほか事故当時取締役らは、東京電力の本店に集合して事実上の緊急の取締役会を開催し対策を協議して上記のような方策をとったのだから、その責任は重大である。

7　内部統制システム構築義務について

　被告らの中には、「原発関係は、社内のいわゆる原子力ムラ（原子力部門）に任されていた難しい専門的事項であるので、上記警告の存在やその無視及び諸注意義務とその違反の事実を知らなかった」という弁解をする者もいるのではないかと予測される。しかし、その弁解は許されない。上記警告及びそれらへの対策の決定や諸注意義務への対応は、東京電力にとって、原発における苛酷事故の発生という重大な事態に関係する重要な事項であるから、東京電力の取締役会に議題として上程されなければならない（会社法362条4項）。それが上程されていないとすれば、コンプライアンス（法令遵守）違反であり、かつ、コーポレートガバナ

という惨事を招いた。

　この１号機の水素爆発により原子炉建屋が吹き飛び、作業者の負傷、被曝、がれきの散乱等により、現場が大混乱し、２、３号機への対処が決定的に遅れた（次項「６」記載の事情とあいまって）。

　そもそも全電源喪失によりICの弁が自動的に閉となることは基本中の基本であり、それを知らないこと自体が東京電力の幹部（現場の吉田所長や被告勝俣、武藤ほか事故当時原発担当等取締役らを含む）の重大な過誤である。また、そのことを知らず、かつ非常冷却の経験もなく、非常冷却の訓練を受けていない担当者を現場に配置して現場の混乱と被害を招いたことは重大な過誤である。

　なお、このICをめぐる過誤は、政府の事故調査・検証委員会が最も強調するところであり、同委員会の中間報告書（甲８）93頁以下に詳述されている。

　被告勝俣、武藤ほか事故当時原発担当等取締役らは、以上のような義務を怠った点で、東京電力に対する取締役としての善管注意義務に違反した。

６　２、３号機についてのベントの遅れと海水注入の遅れの責任

　事故当時、東京電力の取締役であった被告勝俣恒久、被告木村滋、被告鼓紀男、被告藤本孝、被告山﨑雅男、被告武井優、被告山口博、被告西澤俊夫、被告相澤善吾、被告内藤義博、被告荒井隆男、被告高津浩明、被告廣瀬直己、被告小森明生、被告宮本史昭、被告青山伃、被告清水正孝、被告森田富治郎、被告藤原万喜夫及び被告武藤（以下「被告勝俣、武藤ほか事故当時取締役ら」という。）には、次の善管注意義務の違反がある。

　１号機が水素爆発を起こして、福島原発の事態の深刻化が明らかになった段階で、まだ炉心露出していない２、３号機について直ちに圧力容器の高圧蒸気（まだそれほど放射能が多くない）をベントして外に逃し、圧を下げて海水を注入して炉心露出を防ぎ、放射能大量放出を防止すべ

5 IC（非常用冷却装置）の操作についての事故当時の過誤

被告勝俣恒久、被告皷(つづみ)紀男、被告小森明生、被告清水正孝、被告藤原万喜夫及び被告武藤(以下「被告勝俣、藤原ほか事故当時原発担当等取締役ら」という。)には、次の善管注意義務の違反が認められる。

前述したとおり、1号機に設置されていたICとは、Isolation Condencer の略で日本語訳では非常用復水器という。通常の冷却装置が機能しなくなり、圧力容器内が高温高圧となったときに、電気に頼らずに高温高圧蒸気を配管により導出し、満水のタンクに噴入し、冷却し、蒸気を水に戻すことにより温度と圧力を下げ、その水を再び圧力容器に戻して燃料棒を冷却する装置である。そのため非常用冷却装置とも呼ばれる（図4参照）。

ICの弁は、図4のとおり、A系、B系各々に4個あり、(複数あり)は全電源（直流電源を含む。）が止まるとフェイルセーフ（不具合が起きたら安全サイドの方向に自動的に動くようにしておくという方法）により自動的に閉じて、原子炉を外界から隔離するようになっている。ICを稼働させるためにはあらためて図4（A系でいうと）のMO1A、2A、3A、4Aの各弁複数の必要な弁を開にしなければならない。そして、3A弁を開閉することにより、ICを操作しなければならない。

しかるに、本件苛酷事故において現場の担当者も本部の幹部(被告勝俣、武藤ほか事故当時原発担当等取締役らを含む)もそのことを知らず、全電源停止後も1A、2A、4Aは閉となっているから3Aのみを操作しても無意味であるにもかかわらず、3A1個の弁の操作でICが作動できている、すなわち炉の冷却はできていると誤信した。

そのため、炉心冷却のための次の手を打つことが大幅に遅れ、そのことにより、1号機において

炉心露出→炉心溶融→格納容器内に放射能充満→ベント→放射能大量放出
　　　　　　　　　　　　　　　　　　　　　　　　→水素爆発

ことは、判断や対応に誤りや遅れを生じさせる恐れがある。したがって、冷温停止に向けて必要な計器については、計器に必要な電源を津波から保護するための対策（バッテリー室、主母線盤等設置場所の止水または配置見直し）が必要である。

また、耐用性・機動性を高めた柔軟な対策として、直流電源については可搬式バッテリーの配置を、さらには、長時間使用するために電源車並びに可搬式の充電器を設備することが必要である。

しかるに被告ら全員はこれらを設置し万一の事態に備える義務を怠った。

以上述べてきた問題点について、被告ら全員は改善の義務がある（統括責任者及び原発担当者は直接的義務を、その他の取締役は監視・監督義務により）のにそれを怠り、永年にわたりそれらを放置し、本件苛酷事故を引き起こし、それによる損害を拡大した。被告ら全員のかかる善管注意義務の違反についての責任は明白かつ重大である。

4　外部電源確保義務の違反

原発の運転電源の第1は自ら発電する電気である。それが喪失されるとすぐに外部電源（本件の場合は東京電力自身の電気による）から電気が供給される。それが成功すれば原発の運転はほぼ支障がない。しかし本件地震によってこの外部電源供給に必要な送変電設備が広範囲に被害を受けた。すなわち変電設備に対して遮断器、断路器などのがいし形の変電機器に多くの被害が発生した。また送電鉄塔に対しては夜の森線のNo.27鉄塔が隣接地の盛土の大規模な崩落により倒壊した。要するに外部電源確保のためのチェックや配慮をしていなかった。これらの被害を防止する措置や異なる2つの変電所から異なるルートで外部電力を確保するべきであった。被告ら全員は以上のような義務を怠った点で、善管注意義務の違反が認められる（甲7「東電中間報告書」127頁）。

する具体的な取決めはなされていなかった。

　福島第一原発では、津波による漂流物が発電所内の道路を塞いでしまい、人の行き来や車両の通行に著しい支障が生じた。このため、重機でこれら障害物を撤去しようとしたが、バックホー等の重機を運転するオペレーターが発電所内におらず、急遽関連企業社員の派遣を求める事態に追い込まれた。また、消防車による注水に際しても、それまで消防車の操作を全て関連企業に任せていたことから、当初は東京電力社員による運転操作が行えず、注水の開始が遅れるという事態を招いた。このように、必要な機材が配備されていた場合でも、その操作要員の手配に欠落があり、初動活動の迅速な展開という点で大きな支障となった。

⑺大量の放射性物質放出を抑制するためにベントにフィルターを備え付けなかった責任

　1号機から3号機まで、格納容器内の圧力の異常な上昇に伴い格納容器から放射性物質を外部に出す所謂格納容器ベントを実施した。特に炉心損傷後の格納容器ベントは大量の放射性物質を放出し、周囲の人々を被曝させ、汚染を拡大した。1990年代、シビアアクシデント対策として、格納容器ベント（耐圧ベント）を追設した際に、放射性物質を相当量除去できる"フィルタードベント"を設置することを怠った。

　当時ヨーロッパでは、チェルノブイリ原発事故の影響で、大型の"フィルタードベント"が開発・設置されており日本においても十分設置可能であったにも拘わらず、東京電力は設置を見送り、本件苛酷事故で被害を拡大した責任は非常に大きい。なお、東電中間報告書（甲7）はその129頁においてフィルタードベントの不設置を反省し、その設計検討を提言している。

⑻バッテリー室、主母線盤等設置場所の止水又は配置見直しの義務違反

　本件苛酷事故では、交流電源とともに直流電源も喪失し、炉心損傷に至った1、2号機は監視計器が機能喪失した。また、直流電源が使用できた3号機においても、不要な計器電源を切るなど、できる限り長時間使用するための工夫を要した。各機器の運転状態の監視機能を喪失した

なり、最終的には海水を水源とする必要が生じるが、海水注入策の検討・整備は事前に行われていなかった。そのため、海水を注水する事態となった際、注水ラインの迅速な構築に困難をきたした。

(5)機能しない緊急時通信手段

　福島第一原発に限らず、緊急時においては、各プラントで作業を行う者と発電所対策本部や中央制御室のスタッフとが密に連絡を取り合うことにより情報を共有することが、極めて重要である。そのためには、日頃から緊急時の使用に耐え得る通信手段が整備されている必要がある。

　福島第一原発では、それまで、連絡手段としてはPHSが頻繁にもちいられており、これが緊急時にも機能を果たすものと考えられていた。しかし、実際には、PHSの電波を集約する機器（PHSリモート装置）に登載されているバックアップ・バッテリーの持続時間が約3時間であったことから、全交流電源喪失により、平成23年（2011年）3月11日夕方以降、相次いでPHSが使用不能となり、各プラントで復旧作業等に当たっている所員と発電所対策本部及び中央制御室との間でのコミュニケーション手段が絶たれてしまった。その代替手段として無線機等が用いられたが、送受信可能な場所が限られるといった問題が発生するなど、情報伝達に大きな支障が生じた。このため、現場と発電所対策本部及び中央制御室との間における情報共有が円滑さを欠くという事態が事故発生後からしばらく続いた。

　なお、東京電力では、原発施設におけるPHS関連の装置を含む伝送・交換用電源の蓄電池の最低保持時間を1時間と設定していた。これは、全交流電源喪失から1時間以内には各プラントからの交流電源の供給が復活するという想定に基づいており、今回の事故のような長時間に及ぶ全電源喪失といった事態を念頭に置いていたものではなかった。東電中間報告書（甲7）127頁にはこれらについての反省が記されている。

(6)緊急時における機材操作要員手配の問題点

　福島第一原発内では、これまで、消防車及び重機の操作は協力企業(下請企業)が行っていたが、緊急時・異常事態の際の機材の取扱い方に関

なお、東電中間報告書（甲7）128頁はベントラインの信頼性向上を検討すべしとしている。これは上記のことも含めての反省である。
　　イ　ブローアウトパネルの開放阻止
　炉心損傷により発生した水素が、1、3号機では爆発し、2号機ではそれがなかった。その理由は原子炉建屋最上階のブローアウトパネルが開放されたからである。1、3号機の最上階のブローアウトパネルも開放されるようにしておくべきであったがそれを怠った（あえて開放しないように工事をした）ために1、3号機は水素爆発を起こし大量の放射能を放出した。
　これも被告ら全員の任務懈怠によるものである。この問題については東電中間報告書（甲7）126頁が記述している。
⑷消防車による注水・海水注入策の未策定
　平成19年（2007年）7月の新潟県中越沖地震の際に、柏崎刈羽原発において発生した火災事故の教訓として、平成20年（2008年）2月までに東京電力のそれぞれの原子力発電所にも消防車が配備された。消防車を用いた注水策は、有用性が社内の一部で認識されていたにもかかわらず、AM策の中には位置付けられていなかった。海水注入についても、最悪の事態における取るべき選択肢の一つとしては認識されていたが、他方でそのような事態に至ることはないと判断され、AM策の一つとしての検討は行われていなかった。また、配備されている消防車によって消火系ラインを用いた代替注水を行う場合、それを発電所対策本部のどの機能班ないしグループが実施するのかも明確になっていなかった。
　そのため、吉田所長が、平成23年（2011年）3月11日17時12分頃、消防車を用いた代替注水を検討するように指示した際、これを受けた各機能班長や班員の誰も、自分の班への指示とは認識せず、どの班も直ちに準備に取り掛かることをしなかった。これが、注水準備開始まで約9時間、そして、実際に注水が始まるまでに約11時間も要した大きな原因の一つであったと考えられる。
　また、消防車による継続的な代替注入の実施には水源の確保が必要と

第 3 部
東電株主代表訴訟
関連資料

の分岐部に設置された弁は、電源喪失時に排気できるよう自動的に「開」となる設定である。したがって、津波による電源喪失により空調系統の排気ラインが開のまま、ベントを行う。空調系統には逆流を食い止めるためのダンパーが設置されていたが、その密閉性は低く、ヘリウムガスを用いた実験により漏れることが確認されている。

こうして、水素は空調系統の排気ラインを経て原子炉建屋内に流入し建屋内の酸素と爆発的に結合し水素爆発を引き起こした。東電幹部は「水素爆発の事態を招いたことを考えれば、排気に関する設計に不備があったといえる」と認めている（甲24「平成23年6月4日付け朝日新聞インターネット記事」）。また平成23年（2011年）12月26日の記者会見において、東京電力（松本部長代理）は、ダンパーからの逆流の可能性を認めた。

ここで東京電力自身が認めているように、そもそも逆流を防がなければならないような設計になっていること自体がおかしい。スイスでは、「水素が流れ込んで爆発するのを防ぐため、ベントラインは他の配管から独立している」とし、ベントラインが独立していないなど考えられないと指摘する（スイスライブシュタット原発安全技術部長）。「スイスの法律では想定外の事故に対して、あらゆる措置を講じることが義務づけられている」からだ。東京電力は、排気塔に直行すべきベントを、原子炉建屋内の空調用（放射性ガスを、フィルターを通じて外に出すための）「非常用ガス処理系（SGTS）」につないでしまった。（その古いラインへ流れないように遮断すべき弁が電源喪失のため操作できず、さらにその下流に設置された原子炉建屋への逆流防止のためのダンパーは密閉性がなかった。）結局、ベントした放射性元素入りの蒸気と水素は、一部逆流して原子炉建屋内に入り込み、1時間後水素爆発を起こした。やることが中途半端（ベント装置をつけるならベント配管は独自のラインにすべきなのに空調用配管を借用した）である。3号機も同様であった。

被告ら全員は以上のような危険な装置を設置し、かつ永年にわたり、それを放置したまま本件苛酷事故をむかえ水素爆発を招いた。その過失責任は重大である。

(2)不十分な全電源喪失対応策

　東京電力の全電源喪失対策は、隣接する原子炉施設のいずれかが健全であることを前提としており、自然災害等の外的事象により複数の原子炉施設が同時に損壊・故障する等により、隣接している原子炉施設から電源融通を受けられない事態となった場合の対処方策は検討されていなかった。また、非常用電源についても、非常用ディーゼル発電機及び電源盤設置場所の多重化・多様化等の措置が講じられることもなかった。要するに、設計基準を超える津波が来襲する可能性を考慮できていなかったために、「同時多発電源喪失」や「直流電源を含む全電源喪失」という事態への備えはなされていなかった。

　このため、そのような事態が発生した場合を想定した計測機器復旧、電源復旧、格納容器ベント、SRV(逃し安全弁)操作による減圧等のマニュアル等も未整備で、これらに関する社員教育も行われていなかった。また、福島第一原発施設内には、そうした作業に必要なバッテリー、エアーコンプレッサー、電源車、電源ケーブル等の資機材の備蓄も行われていなかった。

(3)水素爆発防止対策の不備についての責任

　ア　空調系統の排気ラインの流用

　1号機の水素爆発は、格納容器の損傷を防ぐ目的で行われたベント(排気)のほぼ1時間後に起きた。奇跡的に格納容器の爆発はなかったものの、これにより原子炉建屋が大きく破壊された。一体何のためのベントだったのか。水素ガスは、ベントによって放出されたのではなかったのか。この点は、平成23年(2011)年12月28日、テレビ朝日「メルトダウン5日間の真実」に詳しい。

　平成23年(2011年)3月12日の1号機原子炉建屋を破壊した水素爆発は、建屋外に出したはずの水素ガスが、別の排気管を通じて建屋内に逆流したことから起きた疑いが強い(甲24「平成23年6月4日付け朝日新聞インターネット記事」)。

　ベント管は原子炉建屋の空調系統の排気ラインへつなげてあった。そ

と圧力を下げ、その水を再び圧力容器に戻して燃料棒を冷却する装置である。そのため非常用冷却装置とも呼ばれる。福島第一原発では1号機にのみこれが設置されていた（2号機以降はRCIC）。

ICの弁（複数あり）は図4のとおり、A系B系各々に4個あり、全電源（直流電源を含む。）が止まるとフェイルセーフ（不具合が起きたら安全サイドの方向に自動的に動くようにしておくという方法）により自動的に閉じて、原子炉を外界から隔離するようになっている。ICを稼働させるためにはあらためて、図4（A系でいうと）MO1A、2A、3A、4Aの各弁複数の必要な弁を開にしなければならない。そして、3A弁を開閉することによりICを操作しなければならない。しかるに、本件苛酷事故において現場の担当者も本部の幹部もそのことを知らず、全電源停止後も、1A、2A、4Aは閉となっているので3Aを操作しても無意味であるにもかかわらず、3A1個の弁の操作でICが作動できている、すなわち炉の冷却はできていると誤信した。そのため、炉心冷却のための次の手を打つことが大幅に遅れ、そのことにより、福島第一原発1号機において、

炉心露出→炉心溶融→格納容器内に放射能充満→ベント→放射能大量放出
　　　　　　　　　　　　　　　　　　　　　　　　　→水素爆発

という惨事を招いた。

そもそも全電源喪失によりICの弁が自動的に閉となることは基本中の基本であり、それをマニュアルによって教育し、かつ実地訓練するべき義務があるのにそれを怠り、そのことを知らず、かつ非常冷却の経験もなく、非常冷却の訓練を受けていない担当者を現場に配置して永年放置していた。

なお、このICをめぐる過失は、政府の事故調査・検証委員会が最も強調するところであり、政府事故調中間報告書（甲8）86頁及び93頁、特に98頁、103頁及び472頁から474頁までに詳述されている。

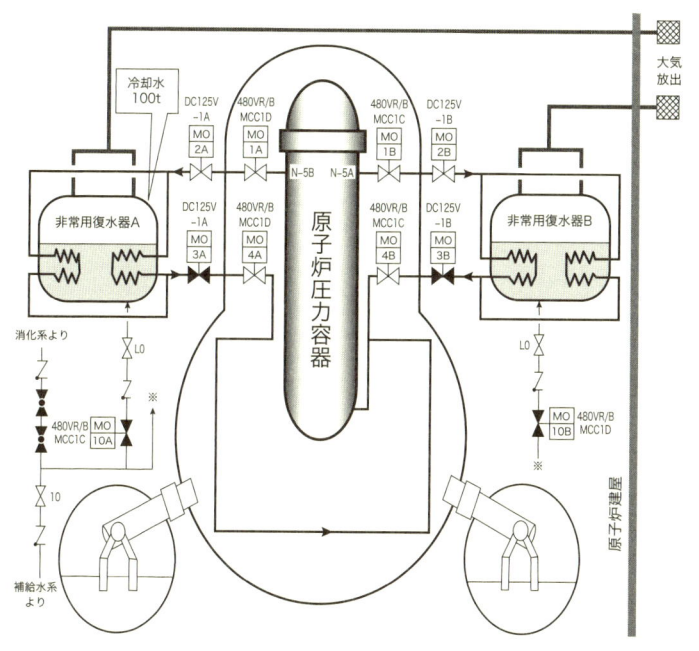

図4 東京電力作成

以上の点については政府事故調中間報告書（甲8）407頁以下が詳しい。具体的な問題は以下のとおりである。

(1) IC（非常用冷却装置）についての教育と訓練の不足

ICとは、Isolation Condencerの略で、日本語訳では非常用復水器という（下記図4参照。）。

通常の冷却装置が機能しなくなり、原子炉圧力容器内が高温高圧となったときに、電気に頼らずに同容器内の高温高圧蒸気を配管により導出し、満水のタンクに噴入し、冷却し、上記を水に戻すことにより温度

3 シビアアクシデント対策の不備についての責任

　東電の津波波高の設計基準が全く不適切であることは前述したが、その想定を超えてシビアアクシデントが起きた場合の対策も極めて粗末であった。

　すなわち、被告ら全員は、津波による苛酷事故（シビアアクシデント）を全く想定しなかった。よって、それに備えて物的・設備的改善をせず、また人的な備え（十分な内容のマニュアルの備え置き、及びそれによる訓練）をしなかった。そのために本件苛酷事故による損害発生を防止、最小化ができなかった。そのことは政府事故調中間報告書（甲8）440〜445頁及び493頁以下に詳しい。

　詳説すると以下のとおりである。すなわち、原発の設計基準（想定）はなるべく安全サイドに厳しくしなければならない。しかしこれを守って設計をしても必ず事故はおきる。その事故（アクシデント）がおきたときにそれをどのようにして通常状態にもどすか（フェーズⅠ）、通常状態にもどせなくなったときにいかに拡大（事故及び被害の）を防止するか（フェーズⅡ）、これがアクシデントマネージメント（以下「AM」ということがある。）である。

　フェーズⅡはシビアアクシデント（以下「SA」ということがある。）と呼ばれる。日本においてはフェーズⅠについては原子力安全委員会策定に係る各指針によって規制されている（ただし「残余のリスク」対策は電力会社にまかされている）。フェーズⅡ（すなわちSA）については電力会社にまかされている。自主的取組が要求されているのである。すなわち、地震や津波による苛酷事故の拡大を防ぐ予めの対策及び事故発生後の対策をしておくことは電力会社の義務なのである。

　しかるに東京電力はSAに対するAMをほとんどとらなかった。SAを措定すると「原発は安全・安心ではないのか。日本の原発にシビアアクシデントがおきるのか。話がちがうのではないか。」と追及されるのを恐れてのことという。まことに馬鹿げた、子供じみた態度といわなければならない。念のためといってすれば良かったまでのことである。

日の本件地震を迎えたが、津波波高はT.P.＋5.4メートルであり、非常用ディーゼル発電機（以下「DG」ということがある。）3台中2台が無事であったため、辛くも難を免れた（甲8「政府事故調中間報告書」406頁・407頁）。

また、福島第一原発6号機では1台のDGを空冷にし、かつ他のDGより高い一階に設置し、かつ5号機に連結する工事をしておいたところ、その1台が生き残り、連係電線を通じて5号機に電力を供給したために、5、6号機は冷却機能を維持でき、深刻な事態にならずに済んだ（甲22「FUKUSHIMAレポート（抜粋）」183頁）。

これらの対策、特に後二者は、巨額の費用や長い工事期間を要することなく行われたものである。

しかるに被告ら全員は、これらの対策を福島第一原発1～4号機について全くとらなかったことにより本件苛酷事故を招いたものである。

この点、被告ら全員は、本訴訟において、「自らは前記の各警告を無視したのではなく、それの裏付け調査や追加調査を試みた。その間に本件苛酷事故が起きたのだから、責任がない」といった言い逃れをするかもしれない（平成24年1月13日付け不提訴理由通知書（甲23）にそれらしき記載がある。）。しかし、これまでに紹介したような、深刻かつ相応の信用性のある警告があった場合には、とりあえずの対策をしておくべきである。それと併行して裏付け調査や追加調査をするなら許されるが、何もしないで放置したまま追加調査等をするという口実で時間を浪費する態度は許されない。何となれば、上記のような言い逃れを認めると、どんな重大な前兆や警告があっても、「裏付け調査をする」ということで黙殺することができるからである。これは、裏付け調査に名を借りた怠慢もしくは手抜き以外の何ものでもない。被告ら全員が諸警告に応じて、15.5メートル（実際に押し寄せた津波の波高）の波高の津波に耐える施設改善（防波壁に限らない。DG等の分散化、高度化等々）をしておけば本件苛酷事故は起きなかった。

交流電源が機能喪失をしないような措置を講じておくべき善管注意義務があった（以上の事実については、政府事故調中間報告書（甲８）373頁ないし400頁及び490頁以下に詳しい。そこでは被告ら全員の任務懈怠が記されている。）。

また、そのような措置を講じておくことは、他の原発の例を見ても容易であった。例えば、東北電力女川原発においては、文献調査結果や津波痕跡記録を入念に検討して、貞観津波（貞観11年（869年））も認識したうえで、安全サイドの考慮をして敷地高を女川原発工事用基準面（以下「女川O.P.」という。）＋14.8メートルと認定していた。その後も新しい知見が出るたびにチェックをし、女川O.P.＋14.8メートルで安全との結論を得ていた。そして、平成23年（2011年）３月11日の本件地震を迎えたが、津波波高は13メートルであり、女川O.P.＋13.8メートル（地震に伴う地盤沈下１メートルを考慮）を直接超えることなく、重大事故に至らなかった。

それにひきかえ東京電力は、福島第一原発を建設するにあたり、発電機メーカーGE社の言わばいいなりになって、標高約35メートルの敷地を10メートルの高さに切り下げ、土地の形状を改造したことにより、津波に対して周辺地域よりもさらに脆弱化させ、長期間にわたってそれを看過した。そのことがなければ本件苛酷事故は発生しなかった。

また、日本原子力発電株式会社東海第二発電所においては、当初敷地高を東京湾平均海面（以下「T.P.」という。）＋3.31メートルとしていたが、太平洋沿岸沖地震津波防災計画手法調査委員会「地域防災計画における津波対策の手引き」（平成９年（1997年））に基づき、津波解析を実施し、波高T.P.＋4.41メートルとの結果を得たため、T.P.＋4.91メートルの側壁を整備した。その後、土木学会の津波評価技術に基づき再評価し、波高T.P.＋4.86メートルとの結果を得たところ、それに対しては4.91メートル以下なので防護可能と判断した。

次に平成19年（2007年）の「茨城県津波浸水想定区域圏」（茨城県作成）に基づき再々評価をしてT.P.＋5.72メートルとの結果を得たので、T.P.＋6.11メートルの側壁を増設した。そして、平成23年（2011年）３月11

ていたとしても、文献・資料として残っていない場合には検討対象から漏れてしまう。また、前述「第４」「２」「(2)」のとおり、平成14年（2002年）７月の長期評価において、福島県沖を含む三陸沖から房総沖の日本海溝沿いで過去に大地震がなかった場所でもマグニチュード８クラスの地震が起き得るとの見解が公表されていたのであり、津波評価技術に基づく東京電力の津波水位の算定手法は、その前提が大きく揺らいでいたことが明らかであった。

そして、実際、東京電力は、平成20年（2008年）５月下旬から６月上旬頃に長期評価に基づいて、自ら試算（O.P.＋13.7メートル～15.7メートル）を行い、福島第一原発において施設を遡上する津波が発生する結果を得ている。しかしながら、このような規模の津波に対する施設の安全対策は全く講じられていなかった。

したがって、長期評価の出された平成14年（2002年）７月当時ないし上記の試算が出された平成20年（2008年）当時においては、福島県沖付近における大地震の発生により、福島第一原発の施設内を遡上する高さの津波が発生し、海水ポンプが損傷することにより、海水冷却系が機能喪失し、また、ディーゼル発電機等の水没により全交流電源の機能喪失を生じさせ、福島第一原発で苛酷事故が発生する危険性は、軽視できない程に大きいものであったと評価すべきである。

被告ら全員は、上記「第４」の「２」に記載した全部ないし一部の警告の存在及び内容を熟知していた（あるいは熟知しておくべきであった）のであるから、東京電力の取締役として、平成14年７月以降、可及的速やかに、そして、どんなに遅くとも、本件苛酷事故が発生した平成23年（2011年）３月11日までには、これらの情報を安全側の観点から正当に評価した上で、適切な津波対策を講じておくべき義務があった。

具体的には、非常用ディーゼル発電機、非常用電源盤（これも全て被水し、交流電源喪失の原因となった。）等の重要設備について、速やかに水密性の補強工事を実施し、又は浸水を防げる場所に移設する、分散配置するなどの適切な津波対策をとり、施設を遡上する津波が襲来しても、全

被告責任原因一覧表の○印のとおりである。

1　根本的な義務の違反

　被告ら全員には、以下の根本的義務違反がある。すなわち、前記「第3」、「2」「地震頻発国で原発を設置・運営する会社の取締役の義務」で詳述したとおり、1960年代後半にはすでにプレートテクトニクス理論（地球は、複数のプレートに覆われ、そのプレートの動きによるきしみによって地震が発生するという理論。）が確立され、4つのプレートの境界にある日本では、世界平均の約130倍の確立で巨大な地震が発生し、将来的にも発生すること及び原発震災によって悲惨で巨大な損害が発生するであろうことは公知又は被告らにおいて知っていたか少なくとも容易に知り得たのであるから、原発の新設及び運転を控えるべき善管注意義務があるにもかかわらず、また、阪神・淡路大震災や新潟県中越沖地震など、原発に関する方針を見直すべき機会はいくつもあったにもかかわらず、かかる注意義務に違反して、あえて、乱暴にも新設及び運転を続けたことである。

2　津波対策の不備についての責任

　被告ら全員は、いずれも、平成14年（2002年）7月に文部科学省の地震調査研究推進本部から長期評価が出されてから、平成23年（2011年）3月に本件苛酷事故が起きるまでの間に東京電力の取締役であったことのある者である（個々の経歴及び在任期間については別紙被告経歴一覧表を参照）。

　前述「第4」「2」「(1)」のとおり、東京電力の津波対策は、平成14年（2002年）2月付けの津波評価技術に依拠していた。しかしながら、津波評価技術は、おおむね信頼性があると判断される痕跡高記録が残されている津波を評価対象にして想定津波水位を算定する手法を採用している。そのため、過去300年から400年間程度に起こった津波しか対象にすることができず、再来期間が500年から1000年と長い津波が起こっ

新耐震指針が地震随伴事象である津波の影響を考慮すべき事項として指摘したことを受け、経済産業省所管の独立行政法人である原子力安全基盤機構は、平成19年（2007年）度から、福島第一原発のような沸騰水型や、加圧水型といった原発のタイプごとに機器が津波を受けるケースなどを想定した解析を始めていた。

　そして、平成20年（2008年）8月の報告書「地震に係る確率論的安全評価手法の改良」の中で、津波の影響で、冷却水用の海水ポンプが損傷した場合、最終的な熱の逃がし場を確保する海水冷却系が機能喪失し、炉心損傷に至る可能性があることを指摘していた（甲20「平成20年8月付け地震に係る確率論的安全評価手法の改良＝BWRの事故シーケンスの解析＝」）。また、津波の影響で内部電源が喪失され、外部電源の導入にも失敗し、非常用ディーゼル発電機が機能喪失した場合には、全交流電源喪失事象が発生し、炉心損傷に至ることも指摘していた。この時点でのこの報告書の指摘は重要であった。なお、福島第一原発においては、襲来する津波が同発電所の海水ポンプの電動機据え付けレベルである6メートルを超えれば、海水ポンプの電動機が水没して原子炉の冷却機能が失われるおそれがある。

　さらに、平成21年（2009年）度の報告書（平成22年（2010年）12月公表）では、津波の高さごとに炉心損傷に至る危険性を評価し、防波堤を超える高さの津波が襲来した場合、海水ポンプや非常用ディーゼル発電機等が機能喪失する結果、極めて高い確率で炉心損傷まで至ることを指摘していた（甲21「平成21年度地震に係る確率論的安全評価手法の改良＝BWRの事故シーケンスの試解析＝」）。

　このように津波が原発に破滅的な損害を与え破滅することが警告されていたのに、東京電力はこれを無視した。津波による苛酷事故はなんら想定外ではないのである。

第5　被告らの責任

　被告らの責任原因は以下のとおりである。具体的な責任該当者は別紙

試算結果の説明を求めた。

　保安院からの説明要請を受けて、東京電力は、平成21年（2009年）9月7日ころ、保安院に対し、貞観津波に関する佐竹論文に基づいて試算した波高の数値が、福島第一原発でO.P.＋約8.6メートル〜約8.9メートルであることを説明した。

　その後、保安院は、平成22年（2010年）11月に、地震調査研究推進本部が「活断層の長期評価手法（暫定版）」を公表したことを契機として、東京電力に対し、津波対策の現状について説明をするように要請をした。東京電力は、平成23年（2011年）3月7日、福島第一原発及び福島第二原発における津波評価について、①平成14年（2002年）の津波評価技術で示されている断層モデルを用いた試算結果（O.P.＋5.7メートル〜6.1メートル）、②平成14年（2002年）の地震調査研究推進本部の長期評価に対応した断層モデルに基づいた試算結果（明治三陸地震：O.P.＋13.7メートル〜15.7メートル。延宝房総沖地震：O.P.＋13.6メートル）、③平成22年（2010年）12月の津波評価部会での審議における三陸沖北部から房総沖の海溝寄りプレート間大地震（津波地震）の考察にて、福島県を含む南部領域については、延宝房総沖地震（延宝5年（1677年））を参考に波源を設定する旨の方針が出されていること、及び、④貞観津波に関する佐竹論文の断層モデルを用いた場合の波高の試算結果（O.P.＋8.7メートル〜9.2メートル）を報告した（甲15「平成23年3月7日付け東京電力作成福島第一・第二原子力発電所の津波評価について」、甲8「政府事故調中間報告書」404頁・405頁）。そして、その4日後、有効な津波対策措置が講じられることのないまま、東北地方太平洋沖地震が発生した。

　以上のように東京電力は、数多くの試算をし警告的な数値を得ていたのに、それらをひた隠しにして、何らの安全性強化等をとらずに、当局の度々の催促によって、ようやく渋々と試算結果を開示する有様であった。

(7)経済産業省所管の独立行政法人「原子力安全基盤機構」の報告書（平成20年（2008年）8月）

(2009年) 1月ころまでに、吉田所長から被告武藤及び被告武黒に報告されたが、具体的安全強化策は何らとられることなく本件苛酷事故を迎えた（甲8「政府事故調中間報告書」398頁以下）。

　また、東京電力は、平成21年（2009年）6月24日に地震関連の審査のために開催された経済産業大臣の諮問機関である総合資源エネルギー調査会の第32回原子力安全・保安部会耐震・構造設計小委員会地震・津波、地質・地盤合同ワーキンググループ（以下「合同WG」という。）においても、貞観地震による津波の規模が極めて大きかったことや、貞観地震による津波について、産業技術総合研究所や東北大学の調査報告が出ていたにもかかわらず、福島第一原発の新耐震指針のバックチェックの中間報告で、東京電力がこの津波の原因となった貞観地震について全く触れていないのは問題であると、産業技術総合研究所活断層・地震研究センターの岡村行信センター長から指摘を受けていた（甲17「合同WG（第32回）議事録（16頁）」）。そして、保安院は、同ワーキンググループにおいて、「津波については、貞観の地震についても踏まえた検討を当然して本報告に出してくると考えております。」と述べ、貞観地震を踏まえて津波の検討をすべきことを東京電力に対して促していた。また、平成21年（2009年）7月13日の第33回合同WGにおいても、設計用津波波高の評価に貞観地震を考慮するよう東京電力に示唆した（甲18「平成23年6月付け原子力安全に関するIAEA閣僚会議に対する日本国政府の報告書（11-29頁）」、甲19「合同WG（第33回）議事録」）。そして、保安院は、平成21年（2009年）8月上旬ころ、東京電力に対し、貞観津波等を踏まえた福島第一原発及び福島第二原発における津波評価、対策の現況について説明を要請した。これを受けて、東京電力は、平成21年（2009年）8月28日ころ、保安院に対し、福島第一原発及び第二原発の津波評価、対策の検討状況について報告を行ったが、その際、想定津波の検討結果については、上記の存在は明らかにせず、平成14年（2002年）の津波評価技術に基づいて算出したO.P.＋5メートルから6メートルまでという波高を説明した。この説明を受けた保安院は、貞観津波に関する佐竹論文に基づく波高の

(以下「被告武藤」という。）らに対する説明及び社内検討が行われることとなった（甲8「政府事故調中間報告書」396頁）。

　平成20年（2008年）6月10日ころ、被告武藤、吉田所長らに対する福島第一原発及び福島第二原発における津波評価に関する説明が行われ、担当者より、前記想定波高の数値、防潮堤を作った場合における波高低減の効果等について説明がなされた。被告武藤は、遅くとも、平成20年（2008年）8月までに、この検討内容を被告武黒一郎原子力・立地本部長（当時）（以下「被告武黒」という。）に報告したところ、被告武黒からは特段の指示はなかった。結局、被告武藤及び被告武黒は何ら改善策を講じることはなく、本件事故を迎えた。押し寄せた津波の浸水高はO.P.＋11.5〜15.5メートルであった（甲7「東電中間報告書」5頁）。また、明治三陸地震及び延宝房総沖地震に基づく上記の波高の試算結果は、平成23年（2011年）3月7日まで、保安院に対して報告されることもなかった。

(6)貞観地震をもとにした試算（平成20年（2008年）12月ころ）

　また、宮城県沖から福島県沖で貞観11年（869年）に発生したとされる貞観地震については、歴史書や津波堆積物に関する研究から、地震による津波の規模や被害が極めて大きかったことが指摘されていたところ、東京電力は、平成20年（2008年）10月頃、土木学会の委員を務める有識者の一人である独立行政法人産業技術総合研究所の佐竹健治氏による貞観津波の波源モデルに関する論文案（佐竹健治・行谷佑一・山木滋「石巻・仙台平野における869年貞観津波の数値シュミレーション」（以下「佐竹論文」という。））を入手した。そして、東京電力は、平成20年（2008年）12月、宮城・福島県沖で貞観地震規模のM8.4の地震が発生したことを想定した津波の試算を行った（甲13「平成23年8月25日付け東京電力記者会見資料」、甲15「平成23年3月7日付け東京電力作成福島第一・第二原子力発電所の津波評価について」、甲8「政府事故調中間報告書」398頁）。その結果、東京電力は、福島第一原発の取水口付近で、O.P.＋8.7メートルから9.2メートルの津波が襲来するとの試算を得ていた。このことは、遅くとも、平成21年

れている波源モデルを流用して、明治三陸地震（明治29年（1896年）発生）並のマグニチュード8.3の地震が福島県沖で起きたとの想定で、福島第一原発及び福島第二原発に襲来する津波の高さの試算を行った（甲13「平成23年8月25日付け東京電力記者会見資料」、甲15「平成23年3月7日付け東京電力作成福島第一・第二原子力発電所の津波評価について」、甲8「政府事故調中間報告書」396頁）。なお、明治三陸地震による津波は、日本海溝沿いプレート境界で発生した津波であり、同じ日本海溝沿いの福島県沖のプレート境界でこれと同様の地震と津波が起るとしたのは、前記長期評価に照らしても、極めて妥当性のある想定であった。

　この試算の結果、東京電力は、福島第一原発に到達する津波の波高は、冷却水用の取水口付近で、O.P.＋8.4メートルから10.2メートル、さらに浸水高は、福島第一原発の南側の1号機から4号機で、O.P.＋15.7メートル、北側の5号機から6号機でO.P.＋13.7メートルにまで及ぶものとの試算を得ていた（甲15「平成23年3月7日付け東京電力作成福島第一・第二原子力発電所の津波評価について」）。

　また、東京電力は、延宝房総沖地震（延宝5年（1677年）発生）が福島県沖で起きた場合の津波の高さも同様に試算し、その結果、襲来する津波の浸水高が福島第一原発の南側の1号機から4号機でO.P.＋13.6メートルにまで及ぶものとの試算を得ていた（甲15「平成23年3月7日付け東京電力作成福島第一・第二原子力発電所の津波評価について」）。なお、平成22年（2010年）12月7日における土木学会の津波評価部会での審議では、地震調査研究推進本部地震調査委員会の長期評価において発生の可能性を指摘された日本海溝付近（南部）の津波地震について、延宝5年（1677年）の房総沖地震を参考に設定する方針について異論が出ておらず、上記の想定が極めて妥当なものであったことが裏付けられている（甲15「平成23年3月7日付け東京電力作成福島第一・第二原子力発電所の津波評価について」、甲16「平成23年10月6日付け法と経済のジャーナル記事」）。

　これらの試算結果については、吉田昌郎原子力設備管理部長（当時）（以下「吉田所長」という。）の指示で、被告武藤栄原子力・立地副本部長（当時）

第 3 部
東電株主代表訴訟
関連資料

メートルを超える確率も約1%弱あるものと見積った。また、13メートル以上の大津波も、0.1%かそれ以下の確立で起こり得るとしていた。
(4)新耐震指針について（平成18年（2006年）9月）
　平成18年（2006年）9月に原子力安全委員会は、「発電用原子炉施設に関する耐震設計審査指針」を改定した（以下「新耐震指針」という。）。新耐震指針は、事業者に対し、地震随伴事象である津波についても、「施設の供用期間中に極めてまれではあるが発生する可能性あると想定することが適切な津波によっても、施設の安全機能が重大な影響を受けるおそれがないこと」を十分考慮するよう要求している（甲14「平成18年9月19日付け発電用原子炉施設に関する耐震設計審査指針」）。
　また、新耐震指針は、地震学的見地からは、「策定された地震動」（基準地震動）を上回る強さの地震が生起する可能性が否定できないとし、事業者に対し、この「残余のリスク」に適切な考慮を払い、基本設計のみならず、それ以降の段階も含めて、この残余のリスクの存在を十分認識しつつ、それを合理的に実効可能な限り小さくするための努力を払うべき義務を課している。
　すなわち、基準地震動をクリアできる作り方をしたということだけで免責されるわけではないということが新耐震指針では示されている。
(5)明治三陸地震等をもとにした試算（平成20年（2008年）春）
　東京電力は、「1896年の明治三陸沖地震と同様の地震は、三陸沖北部から房総沖の海溝寄りの領域内のどこでも発生する可能性がある」とした長期評価は、平成14年（2002年）の津波評価技術に基づく福島第一原発の安全性評価を揺るがすものであったため、平成20年（2008年）2月ころ、有識者に対して、長期評価の取扱いについて意見を求めたところ、「福島県沖海溝沿いで大地震が発生することは否定できないので、波源として考慮すべきである」との意見が出された（甲8「政府事故調中間報告書」396頁）。
　これを受けて、東京電力は、遅くとも平成20年（2008年）5月下旬から同年6月上旬ころまでに、長期評価に基づき、津波評価技術で設定さ

メートル～5.7メートルに変更していた（なお、東京電力は、福島第一原発の耐震バックチェックの報告書作成作業を進める中で、平成21年（2009年）2月ころに福島第一原発の各号機の設計津波水位をO.P.＋5.4メートル～6.1メートルまで修正している。）。

⑵文部科学省の地質調査研究推進本部の地震調査委員会の見解（平成14年（2002年）7月）

その後、文部科学省の地震調査研究推進本部の地震調査委員会は、平成14年（2002年）7月、「三陸沖から房総沖にかけての地震活動の長期評価について」（以下「長期評価」という。）（甲11「平成14年7月31日付け三陸沖から房総沖にかけての地震活動の長期評価について」）において、三陸沖から房総沖の日本海溝沿いで過去に大地震がなかった場所でもマグニチュード8クラスの地震が起き得るとの見解を公表した。福島県沖を含む日本海溝近辺で今後30年以内に発生する可能性が30％程度あるというのが長期評価における地震調査委員会の結論であった。

⑶米フロリダ州マイアミでの研究発表（平成18年（2006年）7月）

東京電力は、上記長期評価を受け、津波の高さの確率論的な評価手法を研究し、福島第一原発に押し寄せる津波の高さについての解析を進めた。そして、その成果として、東京電力原子力・立地本部の安全担当らの研究チームは、平成18年（2006年）7月に米フロリダ州マイアミで開催された原子力工学の国際会議（第14回原子力工学国際会議（ICONE-14））で以下の報告書（以下「マイアミ報告書」という。）を発表した（甲12「平成23年3月30日付けロイター特別リポート」、甲13「平成23年8月25日付け東京電力記者会見資料」）。

マイアミ報告書によれば、東京電力研究チームは、慶長三陸津波（慶長16年（1611年）発生）や延宝房総津波（延宝5年（1677年）発生）などの過去の大津波を調査し、また、予想される最大の地震をマグニチュード8.5と見積もった。そして、地震断層の位置や傾き、原発からの距離などを変えて計1075とおりを計算し、津波の高さがどうなるかを調べ、今後50年以内に設計の想定を超える津波が来る確立が約10％あり、10

年)12月に廃炉が決定された浜岡原発1号機及び2号機(営業運転開始から30年を迎えていた)よりもさらに古く、福島第一原発3号機の運転開始は、耐震設計審査指針のない頃の設計・建設であることが指摘され、福島第一原発1号機から3号機までを廃炉にすることを求める提案がなされていた(甲9の14「第85回定時株主総会ご通知」)。

(3) 以上のとおり、東京電力の株主総会では、平成3年(1991年)以降、本件苛酷事故が発生するまで、出席取締役の面前で、原発における苛酷事故発生の危険性や安全対策の不備等について数々の指摘がなされてきた。しかしながら、被告らを含む東京電力の歴代取締役らは、これらの指摘を無視し、株主らの上記の提案に反対の意見を表明し続けてきた。

2 福島県沖において大規模地震が発生し、これに伴い福島第一原発の施設内を遡上する高さの津波が発生して、苛酷事故を引き起こす危険性が指摘されていたこと

(1)福島第一原発の設計津波水位の設定

東京電力は、昭和41年(1966年)から昭和47年(1972年)にかけて、福島第一原発各号機の設置許可の申請をした際、昭和35年(1960年)のチリ地震(マグニチュード9.5)を対象波源として、施設に襲来する津波の高さを評価し、各号機の設計津波水位を小名浜港工事基準面(以下「O.P.」という。)+3.1メートルに設定していた。

その後、公益社団法人土木学会の原子力土木委員会津波評価部会が平成14年(2002年)2月に「原子力発電所の津波評価技術(2002年)」(以下「津波評価技術」という。)(甲10「平成14年2月付け津波評価技術」)を発表した。津波評価技術は、評価地点に最も大きな影響を及ぼしたと考えられる既往津波のうち、概ね信頼性があると判断される痕跡高記録が残されている津波を評価対象として選定して、設計津波水位を算定していく手法を採用していた。東京電力は、津波評価技術の発表を受けて、昭和13年(1938年)の福島県沖地震(マグニチュード7.9)を対象波源として、施設に襲来する津波の高さを評価し、各号機の設計津波水位をO.P.+5.4

議案では、阪神・淡路大震災、新潟県中越沖地震など、近年、日本では大地震の発生が相次ぎ、「人間の甘い予測を超える『史上初』の被害」が次々ともたらされていることや、平成16年（2004年）末のスマトラ沖地震では、「インド沿岸に立地する原発（カルパッカム原発）が津波に襲われたこと」が指摘されていた。さらに、同年の定時株主総会における株主提案議案では、東京電力は、福島第一原発を始めとして、昭和53年（1978年）の耐震設計審査指針策定前に設計・建設された原発を多数有しており、老朽炉の地震時安全性への懸念が増大していることが指摘され、「住民の安全安心を最優先と考えるならば、古い設計に基づく老朽炉の閉鎖等を率先して実行すべきである」として、昭和53年（1978年）以前に設計を行った全ての原子炉を閉鎖し、また、亀裂や減肉などの損傷が確認されている原子力発電設備は、地元の同意なしには運転しない旨の定款変更を行うことも提案されていた（甲9の10「第81回定時株主総会開催ご通知」）。

加えて、平成19年（2007年）の定時株主総会の株主提案議案では、原子力施設の耐震設計審査指針が改定され、従来は「想定されるいかなる地震力に対しても大きな事故の誘因とならないよう充分な耐震性を有していなければならない」（逆に言うと想定される地震力をクリアしていれば良い）としていたのに対し、新耐震指針では、「（耐震設計用に）策定された地震動を上回る地震動の影響が施設に及ぶことにより、施設に重大な損傷事故が発生すること、施設から大量の放射性物質が拡散される事象が発生すること、あるいは、それらの結果として周辺公衆に対して放射線被ばくによる災害を及ぼす」リスク（「残余のリスク」）に備えるべきこと（想定された地震力を超える地震にも備えるべきこと）が定められたので、「従来のまま、原子力発電を続けることも新設することも無謀であり、早急に見直しの場を設けるべき」ことが提案されていた（甲9の12「第83回定時株主総会開催ご通知」）。

また、そればかりか、平成21年（2009年）の定時株主総会における株主提案議案では、福島第一原発の1号機から5号機は、平成20年（2008

第 3 部
東電株主代表訴訟
関連資料

（1）東京電力では、平成3年（1991年）から平成22年（2010年）までの株主総会において、出席した被告らを含む同社取締役らの面前で、原告らを含む「脱原発・東電株主運動」のメンバーを中心とした株主から、福島第一原発を含む原発における苛酷事故発生の危険性や苛酷事故が発生した場合に東京電力及び社会に莫大な損害が発生すること等の指摘がされ、これらを理由として、原発の増設・新設の停止や原子力発電事業からの撤退等を求める数多くの提案がなされてきた（甲9の1ないし16「第71回～第73回、第75回～第87回定時株主総会開催ご通知」）。しかしながら、被告らを含む東京電力の歴代取締役らは、悉くこれらの提案に対して、反対の意見を表明してきた。

（2）東京電力株主総会における数々の指摘や提案の一例を挙げるとすれば、まず、平成7年（1995年）の定時株主総会においては、株主提案議案で、福島第二原発において、平成元年（1998年）に発生した再循環ポンプ破損事故のように、人為的なミスが積み重なった場合や、あるいは、地震などの大きな自然災害が発生した場合には、チェルノブイリのような広範な環境汚染や、多くの人命を奪う事故になる可能性が否定できないことがが指摘され、原発事業からの撤退の第一歩として、原発の新設・増設を中止することを求める提案がなされていた（甲9の1「第71回定時株主総会開催ご通知」）。

また、同株主総会では、株主提案議案において、平成7年（1995年）1月に阪神・淡路大震災が起きたことを受けて、「災害は過去の規模を越えないという保証はない」こと、「予測を越える事故への防災対策も必要である」ことが指摘され、また、「原発事故においては高温、高放射線下でケーブルや測定機器が正常に機能しない危険がある。原発事故を伴う大規模震災のような、立地自治体はもとより周辺からの救援が期待できないような状況も想定しなければならない」との警告がなされ、環境中に放射能を放出する原発事故に備えて防災体制の確立を図る旨の条項を追加する定款変更の提案がなされていた。

さらに、平成17年（2005年）の第81回定時株主総会における株主提案

ア、裁判所において訴えてきた。同氏はそれを「原発震災」という造語で表現している。

巨大地震によって原発の苛酷事故が起きると、巨大地震による被害と原発による被害が相乗作用によってより深刻な事態を招くということである。

地震により生埋めになった人々、津波で流された人々、負傷した人々を救うには現場に自動車などで救出者(消防、警察、自衛隊、医師、看護師、ボランティアなど)がかけつけなければならないが、放射能がそれを妨害する。原発事故を鎮圧するには消防車や作業員が現場にかけつけなければいけないが、地震により道路が寸断され、地震避難者により道路が渋滞するなどして現場に行けない。現場が津波によるがれきで一杯のため原発事故鎮圧作業ができないなどである。現に本件苛酷事故においてこのような現象が数多く起きた(東京電力が作成した平成23年12月2日付け「福島原子力事故調査報告書(中間報告書)」(以下「東電中間報告書」ということがある。)(甲7)127頁は、がれき撤去設備が不十分であったことを認めている。)。これらの点については平成23年12月26日付け東京電力福島原子力発電所における事故調査・検証委員会中間報告書(以下「政府事故中間報告書」ということがある。)(甲8)452～455頁、504頁に詳しい。

一方、プレートテクトニクス理論(地球は複数のプレートに覆われ、それが常に移動し、そのもぐりこみ、ひしめき合いによって地震が発生するという理論。)が確立し、そのプレート境界型の地震によって日本には突出して地震が多いのだということは、1960年代末から1970年代に公知の事実となった。

したがって、被告らは東京電力の取締役として、東京電力が原発を設置し、運転することを止めさせるべき注意義務があった。

第4 善管注意義務違反を基礎付ける各種警告の存在(別紙各種警告時系列表参照)
1 株主総会において数々の警鐘が鳴らされていたこと

第 3 部
東電株主代表訴訟
関連資料

　フランスは世界一の原発大国（フランスは19カ所に58基の原発を保有している。自国における原発による電力供給の比率は75.1％で、世界一となっている（日本は29％、アメリカ20％）。）である。しかし、この地図を見ても分かるように、フランスにはほとんど地震が発生しない。アメリカも、西海岸にはやや地震の発生があるが、東海岸は真っ白で地震がない。アメリカの原発も、スリーマイル島原発（アメリカ合衆国のペンシルベニア州にあるスリーマイル島の原発。前述したとおり、昭和54年（1979年）3月28日に原子炉冷却材喪失事故が起こり、国際原子力事象評価尺度において、レベル5に認定された。）を始め、ほとんど東海岸にある。中国（四川省を除く）、インド、カナダにはほとんど地震がない。
　図2は、世界の原発の分布図である。
　図2から、どこにより多く原発が存在するかが分かる。図1と図2を重ねたのが図3で、茂木清夫東京大学名誉教授の作成である。これを見ると、地震が頻繁に発生するところで原発を盛大にやっているのは日本だけだということが、ビジュアルに極めて明確に分かる。そのようなところでわざわざ原発の設置・運転をする必要はない。むしろ原発は設置・運転してはいけない。日本が地震大国ということは、津波大国ということでもある。日本は海に囲まれている。そして、いま示したように、地震が大量に発生する国である。大きな災害をもたらすプレート境界型の地震には必ず津波が大なり小なり伴う。すなわち地震に津波というのはつきものなのである。では、なぜ地震・津波大国である日本で原発をやってはいけないのか。それは、原発は巨大精密機械だからである。原発は無数のコンピュータ、計器類、配線、配管、精巧な機器、電気スイッチ等から成り立っている精密機械である。したがって衝撃と水には極端に脆弱なのである。それはデジタル時計や携帯電話が衝撃と水に弱いのと同じである。これが他国ではいざ知らず、日本では原発を絶対にやってはいけない理由である。
　また、巨大地震によって引き起こされた原発事故については高名な地震学者である石橋克彦神戸大学名誉教授が長年に亘り、学界、マスメディ

Distribution of Nuclear Power Plants (2001)

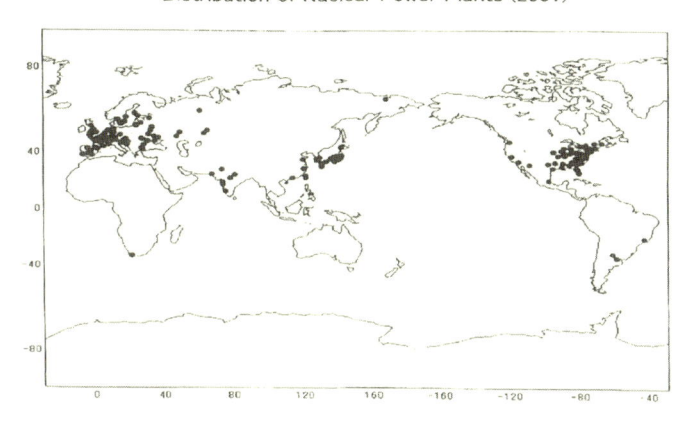

図2　Distribution of Nuclear Power Plants in the world operated in 2001.

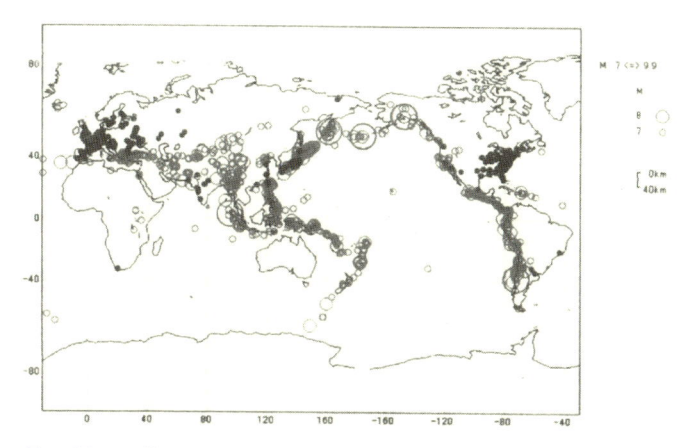

図3　図15-1　世界のM7以上の浅い大地震（1903～2002年）（赤丸印）と原子力発電所（黒丸印）の分布を示す。原発が密集する米国東部とヨーロッパの大部分では大地震が起こらない。日本では地震が多いのに原発が多い（Mogi, 2004）。
〔原図はカラーである——編者注〕

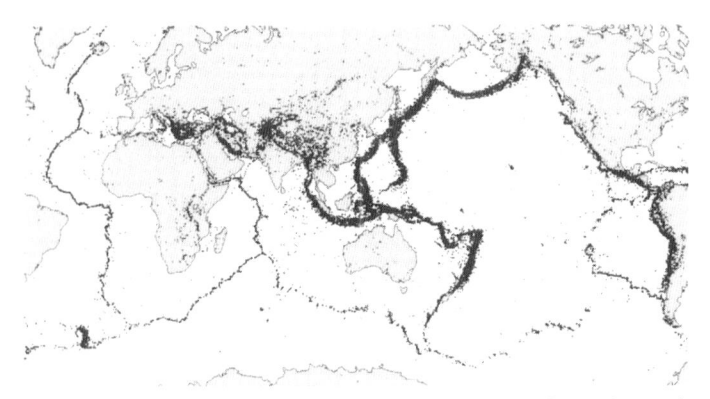

第 3 部
東電株主代表訴訟
関連資料

図1 世界の地震分布（M4以上、深さ100km以下、1975〜1994年）『理科年表』2006年版より

存在を無視ないし不当に軽視して、必要な安全対策措置を講じることを怠り、もって、東京電力に対する善管注意義務に違反して、本件苛酷事故を招き、後述する莫大な損害を東京電力に発生させた。

2 地震頻発国で原発を設置・運営する会社の取締役の善管注意義務

言うまでもなく日本は地震大国である。図1を見よ。これはマグニチュード4以上、深さが100キロメートルより浅い地震が発生した場所をプロットした図である。これを見ると、日本はそのプロットで真っ黒になって見えないくらい地震が発生しているということが分かる。面積平均でいうと日本は地球の表面積平均の約130倍の率で地震が発生している（甲6「原発・放射能図解データ」大月書店刊34頁、35頁）。この狭い国土に世界の地震によって発生する揺れの約10％が集まっている。なぜ日本に集中しているか。集中しているところを見ると分かるように、地震が集中している場所はいわゆるプレート（地殻）とプレートが相互にもぐりこみ、ひしめき合っているプレート境界線であり、そこに地震が集中している。そのプレート境界の上に日本の国土があるからである。

3 原告らは、平成元年(1989年)1月に福島第二原子力発電所(以下「福島第二原発」ということがある。)3号機で起きた再循環ポンプ破損事故を契機に、長年に亘り、東京電力に対し、いわゆる脱原発を求めて、原子力発電所(以下「原発」ということがある。)の増設・新設の停止及び原子力発電事業からの撤退を要求する株主総会議案の提出等の活動を行ってきた「脱原発・東電株主運動」のメンバーを中心とする東京電力の株主であり、いずれも、6ケ月以上前から東京電力の株式を1単元(100株)以上継続して保有している(甲4の1ないし42「個別株主通知申出受付票」、甲5の1ないし42「個別株主通知済通知書」)。

第3 被告らが東京電力に対して負う善管注意義務の水準が極めて高いこと

1 超危険物を扱う会社の取締役の善管注意義務

スリーマイル島原子力発電所事故(昭和54年(1979年)3月28日)、チェルノブイリ原子力発電所事故(昭和61年(1986年)4月26日)、そして、今般の福島第一原子力発電所炉心溶融及び水素爆発事故(以下「本件苛酷事故」という。)の惨状を見れば分かるとおり、原発で炉心損傷や溶融等の重大事故が発生した場合には、事業者自身に巨額の損害を生じさせるのみならず、広範な地域を極めて長期にわたって居住不可能にし、住民に深刻な健康被害を生じさせ、また、最悪の場合には多くの人命を奪うなど、原発の広範囲な周辺の住民そして社会全体に回復することのできない甚大な被害をももたらす。その意味で、原発における炉心損傷や溶融等の重大事故の発生を予防し、また、重大事故が発生した場合に当該事故による損害の拡大を最小限にとどめるための安全対策を講じることについて、原発を運営する東京電力の取締役である被告らが東京電力に対して負う善管注意義務の水準は、通常の企業の経営者に要求される善管注意義務のそれよりも遥かに高いものといえる。

しかしながら、被告らは、かかる自らに課された重い注意義務を省みることなく、以下に述べるとおり、本件苛酷事故に関わる数々の警告の

2 訴訟費用は被告らの負担とする
との判決並びに仮執行の宣言を求める。

請求の原因

第1 本件事案の概要

　平成23年（2011年）3月11日午後2時46分にいわゆる東北地方太平洋沖地震（以下「本件地震」という。）が発生し、その地震動と津波によって福島第一原子力発電所（以下「福島第一原発」ということがある。）が破壊され大量の放射能が放出された。そのことにより甚大な損害が発生し、訴外東京電力株式会社（以下「東京電力」又は「東電」という。）はその損害を賠償する責任を負うという損害を被った。また、東京電力は、メルトダウン等を起こしたことによって廃炉費用が極めて巨大に増額されるという損害を被った。これらの損害は、被告らの取締役としての任務懈怠によるものである。よって、それらの損害を被告らに賠償させるために提起されたのが本件株主代表訴訟である。

第2 当事者

1　東京電力は、首都圏を主たる事業地域とする東証一部上場の電力会社である（甲1「履歴事項全部証明書」）。

2　被告らは、平成14年（2002年）7月（文部科学省の地震調査研究推進本部が、三陸沖から房総沖の日本海溝沿いでM8クラスの地震が起きうるとの見解を発表）から平成23年（2011年）3月11日までの間に東京電力の取締役に就任した経験のある現取締役又は前・元取締役らである（甲1「履歴事項全部証明書」、甲2「閉鎖事項全部証明書」）。

　なお、被告らの経歴及び在任期間等は、別紙被告経歴一覧表記載のとおりである（甲3の1ないし7「有価証券報告書（抜粋）」）。

（3）水素爆発防止対策の不備についての責任……………99
　　　　　ア　空調系統の排気ラインの流用…………………99
　　　　　イ　ブローアウトパネルの開放阻止…………………97
　　　（4）消防車による注水・海水注入策の未策定…………97
　　　（5）機能しない緊急時通信手段……………………96
　　　（6）緊急時における機材操作要員手配の問題点………96
　　　（7）大量の放射性物質放出を抑制するためにベントにフィルターを備え付けなかった責任……………………95
　　　（8）バッテリー室、主母線盤等設置場所の止水又は配置見直しの義務違反……………………95
　4　外部電源確保義務の違反…………………………94
　5　IC（非常用冷却装置）の操作についての事故当時の過誤………93
　6　2、3号機についてのベントの遅れと海水注入の遅れの責任
　　　……………………………………………………92
　7　内部統制システム構築義務について……………………91
第6　損害の発生及び損害額……………………………90
　1　東京電力自身の試算………………………………90
　2　第三者委員会「経営・財務調査委員会」の試算……………90
　3　小括……………………………………………89
第7　結論…………………………………………89
第8　東京電力に対する訴え提起の請求……………………89
第9　最後に………………………………………88

請求の趣旨

1　被告らは、東京電力株式会社に対し、連帯して5兆5045億円及びこれに対する本訴状送達の日の翌日から支払い済みまで年5分の割合による金員を支払え

第3部
東電株主代表訴訟
関連資料

第3 被告らが東京電力に対して負う善管注意義務の水準が極めて高いこと……………………………………………………………121
 1 超危険物を扱う会社の取締役の善管注意義務……………121
 2 地震頻発国で原発を設置・運営する会社の取締役の善管注意義務……………………………………………………………120
第4 善管注意義務違反を基礎付ける各種警告の存在（別紙各種警告時系列表参照）……………………………………………………117
 1 株主総会において数々の警鐘が鳴らされてきたこと………117
 2 福島県沖において大規模地震が発生し、これに伴い福島第一原発の施設内を遡上する高さの津波が発生して、苛酷事故を引き起こす危険性が指摘されていたこと…………………………114
  (1) 福島第一原発の設計津波水位の設定………………114
  (2) 文部科学省の地質調査研究推進本部の地震調査委員会の見解（平成14年（2002年）7月）………………………113
  (3) 米フロリダ州マイアミでの研究発表（平成18年（2006年）7月）………………………………………………113
  (4) 新耐震指針について（平成18年（2006年）9月）………112
  (5) 明治三陸地震等をもとにした試算（平成20年（2008年）春）………………………………………………112
  (6) 貞観地震をもとにした試算（平成20年（2008年）12月ころ）………………………………………………110
  (7) 経済産業省所管の独立行政法人「原子力安全基盤機構」の報告書（平成20年（2008年）8月）…………………108
第5 被告らの責任……………………………………………………107
 1 根本的な義務の違反…………………………………………106
 2 津波対策の不備についての責任……………………………106
 3 シビアアクシデント対策の不備についての責任……………102
  (1) IC（非常用冷却装置）についての教育と訓練の不足………101
  (2) 不十分な全電源喪失対応策…………………………99

資料3 東電株主代表訴訟訴状

(平成24年3月5日)

訴状

東京地方裁判所　御中

原告ら訴訟代理人弁護士　河合弘之
外20名

当事者の表示
原告　　　　　　　　　別紙原告目録記載のとおり
原告ら訴訟代理人　　　別紙代理人目録のとおり
被告　　　　　　　　　別紙被告目録記載のとおり

損害賠償請求（東電福島第一原発事故・株主代表訴訟）事件
訴訟物の価額　160万0000円
貼用印紙額　　1万3000円

目　次（頁数は本書のものである――編者注）

請求の趣旨……………………………………………………………123
請求の原因……………………………………………………………122
第1　本件事案の概要………………………………………………122
第2　当事者…………………………………………………………122

んでした。

　以上により、当監査役は、本件事故の発生から事態収束への対応について、本件取締役の法令・定款違反、善管注意義務・忠実義務違反はなく、任務懈怠による責任は認められないものと判断しました。

IV．結論

　当監査役は、監査役会において、以上の内容を審議した結果、I．1で述べたように、本件取締役である監査役　藤原万喜夫については同人以外の6名の監査役の協議により、その余の59名の本件取締役については、当監査役全員の意見一致により、原子力を担当していたかどうか、統括的地位にあったかどうかにかかわりなく、すべての本件取締役について、本件提訴請求において指摘のある任務懈怠による責任は認められないものと判断し、株主代理人である貴殿らからの平成23年11月14日付「取締役に対する訴え提起請求書」による提訴請求に対しては、これを行わないことと決定いたしましたので、本書によりご通知申し上げます。

　本件事故により、多くの方々に多大なご迷惑とご心配をおかけいたしております。この影響に伴う経営各面の課題への対応につきまして、引き続き厳格な監査を進めてまいります。

草々

り監査役が対策本部へ同席し、傍聴による確認を行ってきましたが、改めて、発災後の初動態勢において、同本部の指揮・命令の下、適切に判断され、実行されてきたかどうかに関して、取締役に対する聞き取り調査及び関係資料の調査により確認しました。

調査の結果、取締役は、本件事故発生後、原子力事業者防災業務計画に基づき、速やかに緊急時の対策本部を設置し、厳しい状況のもと、事態の把握と収束へ向け、適切に判断し実行していたことを確認しました。

また、福島第一原子力発電所の1号機、2号機、3号機の発災後の注水及び格納容器ベント等が適切に判断され実施されていたかについて、社内事故調査委員会中間報告書の記載内容の検証を行いました。

発電所長は、格納容器ベントの準備の開始を速やかに指示しており、現場が様々な困難な状況にある中、懸命にベントの準備を進めていました。また、特に3号機については、ベント開始後も注意深く監視を継続し、ドライウェル圧力が上昇傾向となったことから、圧力抑制室からのベントラインであるもう1つの小弁についても開放するなど、積極的な対応を実施しました。

3月15日6時頃、2号機の圧力抑制室付近で大きな衝撃音が発生(後の解析で4号機側の爆発音と評価)した際、発電所長は、人身安全を最優先し、一部要員の避難指示を行いましたが、プラントの監視や応急復旧作業に必要な要員については作業の継続を指示していたことを確認しました。

以上のこと等により、取締役は、発災後、速やかに緊急時の対策本部を設置し、格納容器ベント、海水注入等、事態の収束に向けた積極的な対応を発電所長ほかの関係者とともに懸命に実施していたことが確認されました。しかしながら、事故対応の体制、手順書等は事前に整備されていたものの、本件事故においては、国の許認可、指導、了承に基づいて進めてきた当社の原子力発電所における津波対策の前提を大きく超える津波の影響により、事故対応に作動が期待されていた機器、電源はほぼ全て機能を喪失し、結果として事故の拡大を防止することができませ

調査により確認しました。

　調査の結果、新福島変電所など福島地域の送変電設備については、電気設備技術基準など関係法令に準拠して設置し、耐震対策はこれまでの地震の経験を踏まえ見直されてきた国内規格に基づいて実施してきたこと、至近では当社独自の検討として、中越沖地震の経験を踏まえ、重要な送変電設備へ一層の耐震強度を確保することとして、変電設備については原子力発電所耐震バックチェックにおける基準地震動を上回る地震動値を用いて設備への影響を分析・検討し、送電設備については地形・地質などの調査を元にした耐震性評価を行い、社内の重要会議での議論を経て必要な対策工事を決定・実施してきていることを確認しました。例えば、新福島変電所については、地盤安定化耐震工事や変圧器耐震強化、遮断器取替などの実施を平成22年に決定しており、着手済みの地盤安定化工事は平成23年9月に完了を予定していました。また、測量や電気の切り替え工事に時間を要する送電設備の耐震補強工事についても順次着手することを決定していました。

　以上により、福島地域の重要な送変電設備の耐震対策については、従来から法令や国内規格に準拠して耐震強度を確保してきた中で、中越沖地震での経験を踏まえ、社内の重要な会議において一層の耐震強化が審議され、必要な工事を順次着手するなど着実な対応がなされており、業務執行取締役として、適切な対処を指示し、対策が着実に進展してきていたことを確認しました。

　以上により、当監査役は、福島第一原子力発電所の安全確保に向けた対応について、本件取締役の法令・定款違反、善管注意義務・忠実義務違反はなく、任務懈怠による責任は認められないものと判断しました。

4．福島第一原子力発電所事故の発生から事態収束への対応について

　本件事故発生後、事態の収束へ向けての対応については、発災直後よ

○全交流電源喪失

 全交流電源喪失の事態に備えた措置に関しては、アクシデントマネジメント対策として、隣接の号機からの電源融通策(高圧電源、低圧電源)を整備していた。

 なお、アクシデントマネジメント対策は、1プラントが過酷事故(シビアアクシデント)になった時の対応であり、隣接号機には問題ないとの前提で整備されたもので、全プラントが全て使用不能になるということは、国の指導、指示、承認に基づいて進めてきた上記アクシデントマネジメント対策の前提をはるかに超えるものであった。

○シビアアクシデント対策

 シビアアクシデントに備えたマニュアルについては、保安院の認可を受けた原子炉施設保安規定の第110条に基づき、緊急時の操作の手順等を示した社内マニュアル(NM-51 運転管理基本マニュアル)として整備されていた。また、教育・訓練についても、同保安規定第118条に基づき社内マニュアル(NK-20-1 保安教育マニュアル)が整備されており、運転員を始め、支援組織も含めた訓練が定期的に行われ、保安院へ報告がなされていた。

○格納容器のベント

 格納容器のベントについては、欧州や米国の動向、日本での研究結果等を踏まえ、ベント時にはサプレッションプール水を経由させることで、水により放射性物質を除去した上で放出する設備をアクシデントマネジメント対策の一つとして整備していた。

 以上により、当監査役は、当社のこれまでのアクシデントマネジメント対策は、当時において適切な取り組みであったと評価しました。

(7) 福島地域の重要な送変電設備の耐震対策の状況について

 今回の震災により、被害を受けた福島地域の重要な送変電設備の耐震対策に関わる検討経緯について、関係資料の調査や関係者への聞き取り

の1つとして設置した消火系からの注水が行われた。これは同対策の一環である手順書の整備、訓練等による知識を活用した臨機の応用動作であった。

○外部電源

外部電源については、設置許可申請時の安全解析における原子炉冷却材喪失事故でもその給電機能を期待しておらず、炉心損傷防止も含めた原子炉の安全確保は、外部電源ではなく非常用ディーゼル発電機等により、高い信頼性を維持しながら行うこととしていた。

なお、平成22年6月に福島第一原子力発電所で外部電源喪失事象が発生したが、これはプラント運転中の作業ミスに端を発したものであり、外部電源の耐震性とは全く関係のないものであったことを確認した。

○高経年化対策

福島第一原子力発電所の高経年化対策については、国の指示書や保安規定等に基づいて、高経年化に関する技術評価と、その結果に基づく長期的な保守管理方針を定め、定期安全レビュー等により合理的な対応を図っている。

さらに、これまでも予防措置として、応力腐食割れ対策や腐食・減肉対策、疲労割れ対策等を行ってきており、高経年対策は適切に講じてきていた。

○水素対策

水素対策としては、原子炉冷却材喪失事故等に伴い発生する水素が燃焼しないよう、あらかじめ格納容器内に窒素を封入し、酸素濃度を一定値以下で管理してきたことに加え、可燃性ガス濃度制御系を設け、格納容器内で発生した水素と酸素を再結合させ格納容器に戻すといった対策を講じていた。

今回の原子炉建屋における水素爆発は、水素が格納容器内から原子炉建屋へ移行したことによるもので、政府事故調査・検証委員会中間報告書においても、本事象につき権威ある国際機関で議論された形跡もないとされている。

平成23年3月、保安院の原子力発電安全審査課耐震安全審査室の室長及び3名の審査官に、同年4月頃に公表が予定されていた地震調査研究推進本部の「長期評価」見直しの動静及び当社の津波評価の対応状況等について報告した。

(6) アクシデントマネジメント整備
　アクシデントマネジメント対策の適切な検討・実施の有無について、社内事故調査委員会中間報告書、政府事故調査・検証委員会中間報告書及び関係資料の調査並びに関係者からの聞き取り調査により、下記の事項を確認しました。

　〇アクシデントマネジメント対策全般
　アクシデントマネジメント対策については、平成4年にあった国からのアクシデントマネジメント整備の要請に基づき、平成6年から14年にかけて、国の指導も仰ぎながら取り組み、整備内容について国に報告し、妥当との確認を得ながら、電力会社の自主的な取り組みとして作業を進めてきた。
　当社（他社も含む）のアクシデントマネジメントの整備完了については、平成14年5月29日、当社及び保安院がプレスリリースを行っている。また、同年10月31日、保安院は、原子力安全委員会へ事業者のアクシデントマネジメント整備は有効である旨の報告をしていた。
　しかしながら、今回の事故は、国の許認可、指導、了承に基づいて進めてきた当社の原子力発電所における津波対策の前提を大きく超える津波の影響により、事故対応の取り組みの前提を外れる事態になったため、事故対応に作動が期待されていた機器、電源はほぼすべてその機能を喪失し、結果的に事象進展に追いつけず、炉心損傷を防止することに至らなかった。
　なお、アクシデントマネジメント対策で整備された注水手段ではなかったが、中越沖地震の教訓として整備された消防車を用いて、同対策

信氏から、津波評価の観点から貞観地震について検討する必要がある旨の指摘があった。

平成21年7月、原子力設備管理部長は、福島県沿岸周辺における津波堆積物調査委託の実施について承認した。調査の結果、福島県北部の調査地点からは標高4m程度まで貞観津波による堆積物を確認したが、同南部の富岡からいわきにかけての調査地点においては津波堆積物を確認できなかった。そこで、当社は、貞観津波の波源確立のための調査・研究が今後さらに必要と位置づけた。

地震調査研究推進本部の「長期評価」での見解や、貞観津波の知見も検討の対象とした土木学会における津波評価技術の体系化の審議の進展に備え、平成22年8月から、自由な発想に基づいて津波対策に関してアイデアを出し合う原子力部門の実務者による活動を社内独自で開始し、その内容について適宜原子力部門担当部長へ報告するなど、津波対策実施への準備作業を着実に進め始めていた。

なお、原子力発電所の津波評価技術の高度化、体系化への取り組み等、津波に対する安全性に関わる事項は、社内における重要な会議において、必要に応じて適宜説明がなされていた。

③地震調査研究推進本部の「長期評価」、貞観津波についての提言に関する当社の行政当局に対する対応

平成21年8月、保安院の原子力発電安全審査課耐震安全審査室審査官に、当社の貞観津波についての検討状況とその取り扱いについて、さらに、同年9月、保安院の原子力発電安全審査課耐震安全審査室室長、同審査官に、「福島地点における貞観津波の数値シュミレーション検討」と題する資料を提出して、平成20年12月に当社が行った佐竹健治氏の提案する二つの波源モデルを利用した試計算の実施状況について報告し、一連の報告内容について了承されたものと判断した。

平成22年12月、福島県に、「福島県沿岸周辺における津波堆積物調査　堆積物試料採取結果　平成22年12月16日東京電力株式会社」の資料を用いて、当社が行った同調査の結果について報告した。

変更しないので参考にと提供を受けたのであった。

平成20年12月、当社として貞観津波に関する提言をどう取り扱うかについて方向性を決めるため、関係者による打合せが行われ、その中で、佐竹健治氏の提案する貞観津波の二つの波源モデルを利用して実施した津波水位の試計算について、上記担当者から原子力設備管理部長に報告がなされた。試計算の結果は、福島第一原子力発電所の取水口前面で、O.P.+7.8m〜8.9mの高さであった。

なお、この試計算は、平成20年1月に原子力設備管理部長により承認された上記委託契約の一環として、コンサルタント会社へ平成20年11月頃に依頼し、同年12月上旬に結果報告を受領したものであった。

また、上記平成20年12月の打合せにおいて、地震調査研究推進本部の「長期評価」での見解や、貞観津波の知見については、研究・調査の進捗も踏まえて、次期電力共通研究で取り扱うこととし、佐竹健治氏から示唆を受けた福島県沿岸における津波堆積物調査を実施することについて、原子力設備管理部長が了承した。

平成21年4月、佐竹健治氏ほかによる論文が、産業技術総合研究所地質調査総合センターが刊行した「活断層・古地震研究報告」8号に掲載された。

平成21年6月、当社を含む電力会社は、土木学会に対して、津波評価技術の体系化のための第4ステップの研究の委託により、津波評価のための具体的な波源モデルの策定の審議を当社の原子力設備管理部長名で依頼した。第1回の会議では、地震調査研究推進本部の「長期評価」における指摘及び貞観津波等の最新知見を含めた議論がなされている。

なお、平成21年6月下旬頃、土木学会への上記依頼を含め、当社のこれまでの津波対策への対応について、原子力設備管理部の担当から原子力担当役員に対して説明が行われている。

同月、総合資源エネルギー調査会原子力安全・保安部会耐震・構造設計小委員会の、地震・津波、地質・地盤合同WG（耐震バックチェックを審議する国の審議会）において、委員である産業技術総合研究所の岡村行

第3部
東電株主代表訴訟
関連資料

　平成14年7月に公表された地震調査研究推進本部の「長期評価」において、三陸沖北部から房総沖の海溝寄りの領域内ではどこでもM8級の地震が発生する可能性があると指摘されたため、平成15年8月開催の土木学会の津波評価部会において、第2ステップにおける「確率論に立脚した津波評価手法の体系化」の審議の中で、同「長期評価」を扱うことが確認された。

　当社は、平成20年4～5月、耐震バックチェックの最終報告書に向けた津波評価では基準津波の取り扱いが必要となり、そこで地震調査研究推進本部の「長期評価」をどう扱うかを検討するための参考として、仮想的な試計算を行った。福島地域に最も厳しくなるものと考えられる明治三陸沖地震の波源モデルを、福島沖の海溝沿いに置いて試計算した結果、福島第一原子力発電所の取水口前面で、津波水位は最大O.P.＋8.4m～10.2mの高さとなった。

　この計算は平成20年1月に原子力設備管理部長が承認したコンサルタント会社への委託契約の一環として実施された。

　平成20年6月から7月にかけて、地震調査研究推進本部の「長期評価」の取り扱いについて検討した結果、電力会社が津波評価のルールとしている土木学会の「津波評価技術」では福島沖の海溝沿いの津波発生を考慮していないこと、津波の波源として想定すべき波源モデルが定まっていないことから、原子力担当役員の指示の下、地震調査研究推進本部の見解に基づき津波評価をするための具体的な波源モデルの策定について、土木学会に審議を依頼することとし、その後関係各方面との調整に着手した。

　平成20年10月、産業技術総合研究所の佐竹健治氏から「石巻・仙台平野における869年貞観津波の数値シュミレーション」と題する論文を原子力設備管理部の担当者が受領した。3年後とみられる「津波評価技術」改訂の方向性と、改訂後に同技術を用いて改めて耐震バックチェック実施を指向していることを、担当者が貞観津波に関する論文を投稿準備中であった同氏に説明した際に、波源モデルは論文刊行に当たっても

第2から第4ステップにおける土木学会へ依頼した審議内容の概要は、以下の通り。

第2ステップ
水位変動以外の現象に関する評価手法の精度向上、確率論に立脚した津波評価手法の体系化

第3ステップ
津波ハザード解析手法並びに津波による海底地形変化評価手法に関する検討の実施

第4ステップ
最新の知見、技術に照らした津波評価技術の体系化と改訂版のとりまとめ

〜「津波評価技術」を踏まえた当社の対応〜

土木学会の「津波評価技術」に基づき、福島地域の津波水位を計算した結果、福島第一原子力発電所ではO.P.＋5.4m〜5.7mとなったため、平成14年2月、当社は、海水ポンプのかさ上げ、長軸化や手順書の見直しなど必要な対策を決定し、平成15年度までに工事等を実施した。

また、平成21年2月、福島第一、第二原子力発電所の耐震バックチェックの最終報告で行うこととなっていた津波の評価について、最新の海底地形と潮位観測データを考慮して「津波評価技術」に基づき津波水位を計算したところ、O.P.＋5.4m〜6.1mとなったため、必要な対策を講じた。

確率論的評価手法については、第2ステップ以降現在まで、土木学会の津波評価部会で継続して審議が行われるなか、当社は、開発段階にある確率論的津波ハザード解析手法の適用性の検討を目的として、福島地域を1つの事例として試みに計算を行った。この試計算の事例を記載した論文を、平成18年7月、米国フロリダ州マイアミで開催された、第14回原子力工学国際会議（ICONE-14）において発表した。

②津波評価に関わる社外からの指摘への対応
〜地質調査研究推進本部の「長期評価」及び貞観津波に関わる提案への対応〜

いる。同研究はこれまで4つのステップで実施されてきているが、いずれにおいてもコンサルタント会社に技術的な検討を委託し、土木学会へ検討成果の評価とそれに基づく津波評価技術の体系化について審議を依頼してきたものである。

いずれのステップにおいても、土木学会での審議は、原子力土木委員会の津波評価部会において行われ、年度あたり数回の会合が開催されてきている。専門家、有識者等で構成される津波評価部会では、幹事を委嘱された電力会社実務者、コンサルタント会社社員等が技術検討の成果を説明し、その内容に基づき、津波評価技術の高度化・体系化に向けた審議が行われてきた。

当社においては、原子力発電所の津波評価技術に関する電力共通研究は、いずれの場合も、本店原子力部門の担当部長の承認により、委託の実施が決定されている。

なお、平成15年から開始された第2ステップより、保安院の原子力発電安全審査課も、委員を出して津波評価部会の審議に参加している。

・「原子力発電所の津波評価技術」の公表

平成14年2月、土木学会は、電力会社からの依頼に基づき平成11年から審議されてきた津波評価技術に関する検討成果を取り纏め、「原子力発電所の津波評価技術」（以下、「津波評価技術」という）として発表した。

「津波評価技術」の公表に先立ち、電力会社は、保安院の原子力発電安全審査課にその内容を説明し、指導を受けた上で公表に至っている。

・第2ステップ以降

津波評価技術の体系化のための土木学会での審議は、第1ステップ（平成11、12年度）、第2ステップ（平成15～17年度）、第3ステップ（平成18～20年度）が終了し、現在、第4ステップ（平成21～23年度）が継続されている。

期評価」における見解や貞観津波に関わる提言など、社外からの最新の知見も積極的に採り入れ、評価手法の検討や福島県沿岸部の堆積物調査を実施してきていること
・早ければ平成24年には、これらの新たな知見を取り入れ、これまでの検討・審議の成果を集大成した「原子力発電所の津波評価技術」の改訂版の確定が土木学会で予定されていたなど、福島地域の原子力発電所における津波の安全性評価について、科学的、合理的な基準の高度化を追究し続けてきたこと
・社内においては、職務権限規程に基づき、本店の担当部長の承認のもとで一連の取り組みがなされており、社内の重要会議や業務執行取締役に対しても、適時、対応に関する報告等がなされてきたこと
・津波の評価に関しては、適宜、保安院へ説明し指示を仰ぐとともに、対策工事にあたっては、法令の手続きに則り適切な対応を行ってきたこと

を確認しました。

　以上により、当社は、福島第一原子力発電所周辺に重大な影響を及ぼすおそれのある津波の可能性について、絶えず信頼性のある学術論文等の情報を自主的に幅広く収集し、公的機関の審査・指導にも従いながら、対策を講じてきていることが確認され、当社の原子力発電所における津波対策への対応は、合理的な判断の下になされてきたものと評価しました。

　〇当監査役が確認した福島第一原子力を含む当社の原子力発電所の津波対策に関する具体的取り組みは、概ね以下の通りです。

①電力会社の津波評価技術の高度化、体系化への取り組み
　〜土木学会での審議〜
　・総括
　　当社を含む電力会社（日本原子力発電等を含む）は、平成10年から今日まで、原子力発電所の津波に対する安全性評価技術を高度化、体系化するための研究を、電力共通研究として主体的に進めてきて

第 3 部
東電株主代表訴訟
関連資料

○新耐震指針

　新耐震指針を踏まえて、地震があっても大きな事故を起こさないよう、原子力発電所の耐震安全性を確保することが最も重要と認識し、詳細な地質調査の結果も踏まえ、基準地震動に対して十分な余裕を持った耐震設計とそれに基づく施設の設置をしてきていること、また、基準地震動を上回る地震動を対象にした「残余のリスク」の評価に関しても、日本原子力学会が策定した手順に基づいて評価を進めているところであり、適切に検討・実施されていることを確認しました。

○耐震バックチェック

　福島第一原子力発電所での耐震バックチェックは、他の原子力発電所同様に、平成18年9月、保安院の指示により開始され、平成20年3月に5号機の中間報告書をまず提出しましたが、地震随伴事象である津波の評価については、国の了承のもとに最終報告書で扱う予定となっていました。また、柏崎刈羽原子力発電所も含めて、全体的な進捗状況等について、定期的に経営層を含めた会議等、社内の重要な会議において報告されていました。

(5) 原子力発電所の津波対策

　○当監査役は、これまで実施されてきた当社における原子力発電所の津波対策への対応について、社内事故調査委員会中間報告書、政府事故調査・検証委員会中間報告書及び関係資料の調査並びに関係者からの聞き取り調査を行いました。調査の結果、

・当社は、福島第一原子力発電所の津波に関する安全性評価について、平成10年以降、整備されていなかった手法の確立に向け、他の電力会社と共同で、土木学会への働きかけを行い、平成14年には「原子力発電所の津波評価技術」がまとめられるなど、着実に成果を得ていること

・その過程において、国の中央防災会議や地方自治体における津波に対する安全性評価への対応に先駆けて、地震調査研究推進本部の「長

事故調査・検証委員会中間報告書及び関係資料の調査並びに関係者からの聞き取り調査により確認しました。

　社内事故調査委員会中間報告書には、プラント設計後における原子力災害リスク低減の上記取り組みの実例として、海外プラント不具合事例から実施した非常用炉心冷却系吸込ストレーナ目詰まり対策工事やプラント全体の信頼性向上に向けた炉心シュラウド取替工事などが挙げられ、また、緊急時対策室の免震化による緊急時対策本部機能の維持をはじめとする、新潟県中越沖地震被災の教訓として反映した事項が本件事故において効果を発揮していることについても記載されていますが、同報告書に記載された事項については、現地等の視察により確認するとともに、関係者からの聞き取り調査や関係資料調査により確認を行いました。

　今般の東北地方太平洋沖地震による発電所設備への影響については、社内事故調査委員会中間報告書に、「プラント運転状況及び観測された地震動を用いた耐震評価の解析結果から、安全上重要な機能を有する主要な設備は、地震時及び地震直後において安全機能を保持できる状態にあったものと考えられる」との記載があることを確認しました。これに関し、関係者からの聞き取り調査により、今般の地震に際し、福島第一原子力発電所におけるもっとも高いレベルの耐震強度を求められている安全上重要な機能を有する主要な設備については、その健全性が十分保持されたものと考えられるとの評価がなされていることが不合理でないことを確認しています。

　以上により、発電所の設備の設計から運用段階までの安全対策が、適切に検討・実施されてきたことを確認しました。

(4) 新耐震指針、耐震バックチェック

　新耐震指針と、これを踏まえた耐震バックチェックに関し、社内事故調査委員会中間報告書、政府事故調査・検証委員会中間報告書及び関係資料等の調査並びに関係者からの聞き取り調査により下記の内容を確認しました。

電所の安全性・信頼性を総合的に評価します。平成4年6月に通商産業省（当時）より実施の要請を受け、自主保安活動の一環として実施してきましたが、その後「実用発電用原子炉の設置、運転等に関する規則」の一部改正（平成15年10月施行）により、定期安全レビューの実施が法令上義務付けられました。

定期安全レビューは、まず当社がプラント毎に自己評価を実施し、その結果を発電所常駐の保安院より派遣された保安検査官へ保安検査において報告し、保安院による保安検査結果の報告の中で国の原子力安全委員会へ報告されます。

福島第一原子力発電所の定期安全レビュー報告書の最近10年程度の期間における「地震に関する事項」、「経年劣化を含む設備トラブルの水平展開に関する事項」、「保安規定・定期検査等の運用に関する事項」を中心に確認を行い、資料の調査及び関係者への事実関係等の聞き取り調査により、当社が国からの指示事項に的確に対応してきたこと及びかかる対応につき保安検査結果の報告の中で国の原子力安全委員会へ報告されていたことを確認しました。また、高経年化技術評価の結果についても、保安院による評価が行われ、国の原子力安全委員会へ報告されていたことを確認しました。

（3）原子力発電設備の設計から運用段階に至る安全への取り組み

原子力発電設備の設計から運用段階に至る安全への取り組みについては、設計の段階から安全重視の考え方に基づき各種安全系設備を設置し、運用段階では、国の許認可を得た設計に従った設備、機器が常に必要な機能を維持するよう、国の認可を受けた保安規定に従い、日常の状態確認、動作確認等を行っていることを確認しました。また、プラントの設計後も新たに得られる知見（自社・他社プラントの運転経験を含む）をその都度、設備面・運用面の観点から積極的に取り込み、原子力災害リスクの低減に取り組んできていることを、平成23年12月2日に公表された社内事故調査委員会中間報告書、平成23年12月26日に公表された政府

3．福島第一原子力発電所等の安全確保に向けた対応
（1）福島第一原子力発電所の設置から営業運転開始まで

　原子力発電所の設置にあたっては、原子炉の設置許可申請から営業運転開始までのプロセスについて、法令に基づき国からの許認可を得た上で各段階を進めることとされています。福島第一原子力発電所の１号機から６号機までの６ユニットの設置にあたっては、いずれのユニットについても、安全審査、原子炉設置許可、工事計画認可、保安規定認可、使用前検査合格等の各段階の国による許認可等を得て営業運転を開始したことを、資料により確認しました。

　なお、福島第一原子力発電所の敷地地盤高については、発電所予定地は標高約32mの平坦な台地であったこと、発電所付近の高極潮位は小名浜港において小名浜港工事基準面（以下、O.P.という）＋3.122m（チリ地震津波）であったことから、潮位差を加えても防災面からの敷地地盤高はO.P.＋4.000mで十分であると考えられ、基礎の地質状況、高さの違いによる復水器冷却水の揚水に必要な動力費、土工費、台風時の高潮及び津波に対する十分安全な高さなどを総合的に勘案してO.P.＋10mと決定されたことを、当時の論文により確認しました。敷地地盤は過去の最大潮位に対して約三倍の裕度をもって設定され、当時において適切な対応がなされたものと評価しました。

（2）定期安全レビュー

　定期安全レビュー報告書は、原子力発電所の高経年化対策の一環として法令等に基づき作成されるものですが、この定期安全レビューでは、運転開始後10年以上経過したプラントについて、最新の原子力プラントにおける保安活動と同水準の保安活動を維持しつつ安全運転を継続できる見通しを得ることを目的に、10年を超えない期間ごとに、または高経年化技術評価等を実施する場合にはこれと同一時期に、原子力発電所における保安活動の実施状況の評価及び保安活動への最新の技術的知見の反映状況の評価を行うとともに、確率的安全評価を行い、原子力発

第 3 部
東電株主代表訴訟
関連資料

　取締役会では、平成14年度から16年度にかけて、平成14年8月に発覚した当社原子力発電所の点検・補修作業に係る不適切な取り扱いに関連して、その対応処置、再生に向けた取り組み、ガバナンス強化に向けた組織改編等が付議され、また、平成19年7月に中越沖地震が発生した以降は、柏崎刈羽原子力発電所における復旧及び耐震安全性強化に向けた取り組みや、再発防止策等について、月1回程度の報告が取締役会へ付議されていました。

　この関連で、柏崎刈羽原子力発電所の耐震強化の方針や、新しい基準地震動の国への報告、福島第一・福島第二両原子力発電所における防災機能強化に向けた水平展開等について議論がなされるなど、地震に関する対応に関しては取締役会の場で方針が確認されるなどの適切な対応がなされていました。

　その他の重要な会議においては、特に地震に対する検討として、平成18年9月に国の原子力安全委員会で決定された「発電用原子炉施設に関する耐震設計審査指針」等の耐震安全性に係る安全審査指針類の改訂（以下、改訂された安全審査指針類を、新耐震指針という）への対応、稼働中または建設中の発電用原子炉等に関する新耐震指針に照らした耐震安全性評価の実施及び経済産業省原子力安全・保安院（以下、保安院という）への報告（以下、耐震バックチェックという）への対応、中越沖地震後の柏崎刈羽発電所の対応、福島第一・第二両原子力発電所における防災機能強化等について議論がなされていました。原子力発電所における津波への対応についても、平成11年に開始された土木学会での津波評価技術に関する審議状況やこれを踏まえた当社の対応に関して、適宜報告や議論がなされており、適切に対応されていることを確認しました。

　以上により、当監査役は、当社の内部統制の仕組みと運用状況について、本件取締役の法令・定款違反、善管注意義務・忠実義務違反はなく、任務懈怠による責任は認められないものと判断しました。

について、きめ細かく監視してきているほか、当社内に設置された「東京電力株式会社　福島原子力事故調査委員会」及び「原子力安全・品質保証会議」の下に設置された「事故検証委員会」に出席し、その審議状況を確認するとともに、必要に応じて、関係者からの事情聴取を行うなど、本件事故への経営執行部の対応について、厳正・厳格な監査を実施しています。

さらに、監査役会において、本件事故に関する監査の状況を監査役間で共有し、そこで示された意見、提言を監査活動へ反映してきています。

これらを踏まえ、本件提訴請求書に掲げられた責任原因に係わる調査及び被告とされるべき者である本件取締役の責任又は義務の有無の判断に当たっては、監査役は、本件取締役の業務執行状況の当否について、引き続き法令・定款の遵守、善管注意義務・忠実義務履行の観点から、厳正・厳格な監査に努めることとしました。

2．当社の内部統制の仕組みと運用状況

当社は、平成14年以降、原子力に関する不祥事等への対応をきっかけに内部統制の仕組みを整備してきており、会社法や金融商品取引法の制定等の動きを踏まえて、内部統制システム構築に関する基本方針が取締役会で決議され、その後経営環境の変化に合わせて適宜改定されるなど、内部統制の仕組みが構築されていることを確認しています。

また、内部統制の仕組みが、経営によるメッセージ、リスク管理の取り組み、企業倫理遵守、規程・マニュアル類の整備、内部監査部門の強化、「財務報告に係る内部統制」への取り組み、内部統制上重要な委員会による審議等を通じて、適切に運用されていること、なかでも原子力については、従来から非常時を想定した対策を取ってきており、平成14年以降発生した各事案への対応を通じて、内部統制、リスク管理が適切に行われていることを確認しました。

取締役会などの社内の重要な会議においては、原子力関連の主な案件について適宜議論がなされていることを、関連資料等で確認しました。

(以下、社内事故調査委員会中間報告書という)
・「福島原子力事故調査報告書(中間報告書 別冊)」
(平成23年12月2日 東京電力株式会社)
・「福島第一原子力発電所事故の初動対応について」
(平成23年12月22日 東京電力株式会社)
・「福島第一原子力発電所の事故状況及び事故進展の状況調査結果について」(平成23年12月22日 東京電力株式会社)
・「中間報告(本文編)」
(平成23年12月26日 東京電力福島原子力発電所における事故調査・検証委員会)
(以下、政府事故調査・検証委員会中間報告書という)
・「中間報告(資料編)」
(平成23年12月26日 東京電力福島原子力発電所における事故調査・検証委員会)
等

III. 本件取締役の責任の有無についての判断及びその理由

当監査役は、以上の調査を踏まえ、本件提訴請求書における本件取締役の責任の有無について、以下のとおり判断いたしました。

1. 監査役の福島第一原子力発電所事故への視点及び監査活動

当監査役は、従来から法令・定款の遵守、善管注意義務・忠実義務履行の観点から厳正・厳格な監査に努め、原子力発電に関する取り組みにも重点を置いて監査をしてきていますが、今般の福島第一原子力発電所の事故(以下、本件事故という)に対しては、本件事故発生直後から、当社取締役等、執行部の本件事故への対応について、特に、「適法性の確保」「適切な情報開示」「社会的に見て妥当性を欠く判断の有無」の三つの視点を設定して監査を行ってきました。

また、常任監査役においては、本件事故に係わる対策本部の対応状況

(平成14年7月31日　地震調査研究推進本部　地震調査委員会)
・中央防災会議「日本海溝・千島海溝周辺海溝型地震に関する専門調査会」日本海溝・千島海溝周辺海溝型地震の被害想定について
(平成18年1月25日　中央防災会議事務局)
・「発電用原子炉施設の耐震設計審査指針」
(平成18年9月19日　原子力安全委員会)
・「Development of a Probabilistic Tsunami Hazard Analysis in Japan」(平成18年7月17日〜20日　第14回原子力工学国際会議 (ICONE-14) において発表)
・「福島県津波想定調査結果の概要」　　　　(平成19年7月　福島県)
・「地震に係る確率論的安全評価手法の改良」報告書
(平成20年8月　独立行政法人　原子力安全基盤機構)
・「平成21年度　地震に係る確率論的安全評価手法の改良」
(平成22年12月　独立行政法人　原子力安全基盤機構)
・「原子力安全に関するIAEA閣僚会議に対する日本国政府の報告書—東京電力福島原子力発電所の事故について—」
(平成23年6月　原子力災害対策本部)
・「福島原発事故を受けたNRCタスクフォースによる提言」
(平成23年7月12日　NRCタスクフォース報告書)
・「福島第一原子力発電所事故からの教訓」
(平成23年5月9日　社団法人　日本原子力学会)
・「原子力発電所内におけるアクシデントマネジメントの整備に係わる検討結果について」　　　(平成6年3月31日　東京電力株式会社)
・佐竹健治、行谷佑一、山木滋著論文「石巻・仙台平野における869年貞観津波の数値シュミレーション」
(「活断層・古地震研究報告」第8号 (2008年) 所蔵)
・社内諸会議関係書類
・「福島原子力事故調査報告書 (中間報告書)」
(平成23年12月2日　東京電力株式会社)

ビュー報告書等や、設備の設計段階及び運用段階での各種取り組み、同発電所を含む当社の原子力発電所における耐震対策、津波対策やアクシデントマネジメント整備への取り組みに関して資料の調査を行いました。これらの調査事項に関して、必要に応じ適宜本件取締役等関係者から事実関係等について聞き取り調査を実施いたしました。

また、福島第一原子力発電所の事故発生から事態収束に向けた対応に関しては、現地等の視察により確認するとともに、主として関係者からの聞き取り調査により確認を行いました。

2．判断の基礎とした資料

本件取締役の責任の有無についての判断の基礎とした資料は概ね次のとおりです。

・本件事故に係わるTEPCOニュース・プレスリリース、福島第一原子力発電所プレスリリース
　―「取締役の事務委嘱及び業務分担」　　　　（平成13年度から23年度）
　―「福島第一の耐震安全性評価結果中間報告書等の経済産業省原子力安全・保安院への提出について」　（平成21年6月19日）
・「原子力白書」　　　　　　　　　　　　　　（昭和42年版から同55年版）
・福島第一原子力発電所に係わる、原子炉設置許可、工事計画認可、保安規定認可、使用前検査合格等の許認可の事実を確認する資料
・「実用発電用原子炉施設における定期安全レビューの実施について」
　　　　　　　　　　　　　　　　　　　（平成20年8月29日　経済産業省）
・「福島第一原子力発電所の定期安全レビュー報告書」
・「軽水炉についての安全設計に関する審査指針について」
　　　　　　　　　　　　　　　　　　　（昭和45年4月23日　原子力委員会）
・「原子力発電所の津波評価技術」
　　　　　　　　　（平成14年2月　土木学会原子力土木委員会　津波評価部会）
・「三陸沖から房総沖にかけての地震活動の長期評価について」

及の訴え提起を求めた平成23年11月14日付「取締役に対する訴え提起請求書」（以下、本件提訴請求書という）に対して、本書を送付いたします。

I．総括

1．監査役の協議等について

　監査役　藤原万喜夫は、本件提訴請求書において、本件取締役として提訴請求の対象とされているため、同人は、監査役会等における本件提訴請求書への対応の協議に加わっておりません。同人の責任の有無については、同人を除く他の6名の監査役により、また、その余の本件取締役の責任の有無については、当監査役全員により判断をいたしました。

2．被告とすべき取締役について （略）

3．提訴請求を行った株主の特定について （略）

II．当社が行った調査の内容

1．調査の内容

　当監査役は、本件提訴請求書における本件取締役の責任の有無の判断に関して、以下の調査を実施しました。

　取締役の業務分担に関する資料及び当社の内部統制の仕組みと運用状況に関する資料を調査するとともに、国による福島第一原子力発電所の設置許可、使用前検査合格等に係わる関係資料の調査を実施しました。

　併せて、福島第一原子力発電所の長年にわたる安全確保に関する取り組みを調査しましたが、具体的には、原子力発電所の高経年化対策の一環として法令等に基づき作成された福島第一原子力発電所の定期安全レ

資料2 不提訴理由通知書

(「取締役に対する訴え提起請求書」に対する回答書・平成24年1月13日)

平成24年1月13日

さくら共同法律事務所
株主浅田正文様外41名代理人
弁護士　河合弘之様

〒100-8560
東京都千代田区内幸町一丁目1番3号
東京電力株式会社

常任監査役　藤原万喜夫
常任監査役　唐﨑　隆史
常任監査役　松本　芳彦
監査役　　　林　　貞行
監査役　　　高津　幸一
監査役　　　小宮山　宏
監査役　　　大矢　和子

不提訴理由通知書

前略

　株主42名の代理人である貴殿外22名から、監査役　藤原万喜夫、同　唐﨑隆史、同　松本芳彦、同　林貞行、同　高津幸一、同　小宮山宏、同　大矢和子（以下、当監査役という）宛に送付され、平成23年11月15日に受領した、当社取締役、元取締役（以下、本件取締役という）の責任追

	氏名	就任時期	退任時期
32	早瀬　佑一	H13.6.27就任	H18.12.31辞任
33	山路　亨	H18.6.28就任	H18.11.30辞任
34	内藤　久夫	H11.6.25就任	H18.6.28辞任
35	服部　拓也	H12.6.28就任	H18.6.28辞任
36	水谷　克己	H14.6.26就任	H18.6.28辞任
37	白土　良一	H7.6.29就任	H17.6.28退任
38	佐竹　誠	H14.6.26就任	H16.10.31辞任
39	兒島　伊佐美	H7.6.29就任	H16.6.25辞任
40	市田　行則	H9.6.27就任	H16.6.25辞任
41	村田　隆	H11.6.25就任	H16.6.25辞任
42	伏見　賢司	H13.6.2就任	H16.6.25辞任
43	布野　俊一	H14.6.26就任	H16.6.25辞任
44	川井　吉彦	H15.6.28就任	H16.6.25辞任
45	山口　学	H15.6.26就任	H16.6.25辞任
46	臼田　誠次郎	H15.6.26就任	H16.6.25辞任
47	槇野　浩	H15.6.26就任	H16.6.25辞任
48	松村　一弘	H15.6.26就任	H16.6.25辞任
49	西尾　信一	H1.6.29就任	H15.6.25退任
50	築山　宗之	H9.6.27就任	H15.6.25退任
51	尾崎　之孝	H10.6.26就任	H15.6.25退任
52	二見　常夫	H10.6.26就任	H15.6.25退任
53	松村　勝	H12.6.28就任	H15.6.25退任
54	高坂　和夫	H13.6.27就任	H15.6.25退任
55	岩科　季治	H13.6.27就任	H15.6.25退任
56	吉越　洋	H13.6.27就任	H15.6.25退任
57	中島　正剛	H13.6.27就任	H15.6.25退任
58	南　直哉	H1.6.29就任	H14.10.14辞任
59	荒木　浩	S60.6.28就任	H14.9.30辞任
60	榎本　聰明	H9.6.27就任	H14.9.30辞任

＊本目録は、「訂正通知書」（平成23年12月17日）によって訂正してあります。

現取締役及び前・元取締役目録

	氏名	就任時期	退任時期	
1	勝俣 恒久	H8.6.27就任	現職	取締役会長
2	木村 滋	H15.6.26就任	現職	取締役
3	皷 紀男	H15.6.26就任	現職	取締役副社長
4	藤本 孝	H15.6.26就任	現職	取締役副社長
5	青山 偀	H15.6.26就任	現職	取締役
6	山崎 雅男	H18.6.28就任	現職	取締役副社長
7	武井 優	H19.6.26就任	現職	取締役副社長
8	山口 博	H19.6.26就任	現職	常務取締役
9	西澤 俊夫	H20.6.26就任	現職	取締役社長
10	相澤 善吾	H20.6.26就任	現職	取締役副社長
11	内藤 義博	H20.6.26就任	現職	常務取締役
12	荒井 隆男	H21.6.25就任	現職	常務取締役
13	高津 浩明	H22.6.25就任	現職	常務取締役
14	廣瀬 直己	H22.6.25就任	現職	常務取締役
15	小森 明生	H22.6.25就任	現職	常務取締役
16	宮本 史昭	H22.6.25就任	現職	常務取締役
17	清水 正孝	H13.6.27就任	H23.6.28退任	
18	森田 富治郎	H15.6.26就任	H23.6.28退任	
19	藤原 万喜夫	H19.6.26就任	H23.6.28退任	
20	武藤 栄	H20.6.26就任	H23.6.28退任	
21	白川 進	H12.6.28就任	H22.6.25退任	
22	森本 宣久	H13.6.27就任	H22.6.25退任	
23	武黒 一郎	H13.6.27就任	H22.6.25退任	
24	猪野 博行	H15.6.26就任	H22.6.25退任	
25	橋本 哲	H19.6.26就任	H21.6.25退任	
26	田村 滋美	H7.6.29就任	H20.6.26退任	
27	中村 秋夫	H15.6.26就任	H20.6.26退任	
28	尾﨑 功	H19.6.26就任	H20.6.26退任	
29	桝本 晃章	H7.6.29就任	H19.6.26退任	
30	築舘 勝利	H11.6.25就任	H19.6.26退任	
31	林 喬	H13.6.27就任	H19.6.26退任	

貴社取締役毎に、個別的に管掌業務等を明らかにしつつ、上記の不提訴理由を具体的に説明するよう要求します。

　監査役には、善管注意義務に違反した取締役の責任の有無を検証し、責任が認められる場合には、これを適切に追及すべき義務があります(会社法381条乃至385条)。本件苛酷事故の惨状を見れば、貴社取締役の責任を厳正に検証し追及すべき監査役の会社に対する義務及び社会に対する責任が極めて重いことは明らかです。そして、監査役が適切な調査を怠る場合には、その行為自体も、監査役の善管注意義務違反による損害賠償の原因となりますので、くれぐれも、厳正・厳格な調査を実施の上、貴社取締役の任務懈怠の事実を適切に認定し、速やかに、責任追及の訴えを提起するよう請求致します。

　なお、この訴訟によって回収された金員は、原発事故の被害者の方々に対する損害賠償として使用されることを要求します。

　本件苛酷事故により、被害者の方々は、生命、身体、財産上の重大な損害を被り、家を失い、故郷を失い、人生を不本意に変えられ、コミュニティーや家庭を分裂若しくは破壊され、生きる希望を失いかねないほどの絶望感を味わい、塗炭の苦しみの中にいます。これらの被害の最大の責任者は、貴社取締役であります。

　しかるに、貴社取締役は、個人的には全く財産上の責任を取っておりません。このまま推移すると、貴社取締役は、何事もなかったかのように円満に定年退職をして、多額の退職金を受領し、関連法人に天下りして安楽な人生を送るということになります。それでは、原発被災者の方々の人生と余りにバランスを失し不公平であると考えます。貴社取締役の方々に個人資産をもって原発被災者の方々に償って頂きたく、本件提訴請求をし、上記要求をする次第です。　　　　　　　　　　　　草々

代理人目録（別紙）　代理人氏名　河合　弘之　外22名

株主目録（別紙）　（略）

た報告書（以下「第三者委員会報告書」といいます。）では、農林漁業や観光業などへの風評被害や財物価値の喪失などの一過性の損害を2兆6184億円、避難や営業損害・就労不能など事故収束までかかる損害額を初年度1兆246億円、2年度目8972億円と推計しており、貴社が支払いを要する損害賠償額は、平成25（2013）年3月末までで4兆5402億円に上ると試算しております。また、第三者委員会報告書では、貴社の実態純資産の算定において、福島第一原発1号機〜4号機の本件苛酷事故に起因する廃炉費用の追加分を9643億円と見積もっております。そして、これらの金額には、中間指針において取り上げられなかった損害項目にかかる損害額も、本件苛酷事故により放出された放射性物質により汚染された土壌などの汚染費用にかかる損害額も含まれておりません。

したがって、貴社取締役の善管注意義務違反により生じた今般の原発事故により、貴社が被った損害は、少なくとも、上記第三者委員会報告書の試算額の合計である金5兆5045億円を下りません。

第5 最後に

以上の貴社取締役の行為は、会社法330条、民法644条の善管注意義務及び会社法355条の忠実義務に違反する行為であり、貴社取締役は、貴社に対し、同法423条1項による損害賠償責任を連帯して負うものといえます（同法430条）。

よって、別紙株主目録記載の株主らは、会社法847条1項に基づき、貴社取締役に対し、上記損害金及びこれに対する遅延損害金について、その責任を追及する訴えを提起されたく請求します。

また、万一、本提訴請求書が貴社に到達してから60日以内に貴社取締役に対して責任追及の訴えを提起しない場合は、遅滞なく、①貴社が行った調査の内容、②請求対象者の責任又は義務の有無についての判断及びその過程、③請求対象者に責任又は義務があると判断したにもかかわらず、責任追及の訴えを提起しないときはその理由を、書面により当職らに対して、通知するよう請求します（会社法847条4項）。その場合、

酷事故を招き、貴社に莫大な損害（損害賠償債務の負担を含む。）を生じさせました。貴社取締役は、貴社に対し、その任務を懈怠したことによって貴社に生じた損害を賠償する責任を負います。

(2)取締役によっては、原発関係は、社内のいわゆる原子力ムラ（原子力部門）に任されていた難しい専門的事項であるので、上記警告もしくは注意喚起事由及びそれらの無視の事実を知らなかったという弁解をすると思われます。しかし、その弁解は許されません。上記警告もしくは注意喚起事由及びそれらへの対策の決定は貴社にとって、原発における苛酷事故の発生という重大な事態に関係する重要な事項ですから、貴社取締役会に議題として上程されなければなりません（会社法362条4項）。それが上程されていないとすれば、コンプライアンス（法令遵守）違反であり、かつ、コーポレートガバナンス（企業統治）の欠如です。長期間にわたり、それを容認し放置していた貴社取締役全員に責任があります。このこと自体を各貴社取締役の責任発生事由として主張します。

第4　損害の発生及び額

　貴社は、原子炉等の冷却や放射性物質の飛散防止等の安全性の確保等に要する費用又は損失、福島第一原発1号機〜4号機の廃止に関する費用または損失等として、平成23（2011）年度第1四半期終了時点で、既に累積で7027億円もの災害特別損失を計上しております。また、貴社は、原子力損害賠償費として、同時点において既に3977億円もの特別損失を計上しております。そして、貴社自身、これらの計上額は、あくまで平成23（2011）年度第1四半期終了時点において合理的に見積が可能な範囲における概算額であり、更に増加するであろうことを認めております。

　事実、貴社の試算査定や経費見直しを進めている政府の第三者委員会「経営・財務調査委員会」が文部科学省の原子力損害賠償紛争審査会が取りまとめた中間指針（以下「中間指針」といいます。）に基づいて作成し

に基づく訓練を行うことを怠っていたこと、④格納容器からのベント管にフィルター（放射性物質を捕捉する）を設置することを怠っていたこと等の善管注意義務違反があります。かかる義務違反の結果、本件苛酷事故後に迅速かつ適切な対応をとることができなかったというのも昨今の報道等により明らかにされているとおりです（例えば汚染水の排水方法が杜撰であったこと、原子炉のベントを実施するにあたり、大量の放射性物質が環境中に流出することは明らかであったにもかかわらず、その想定放出量や拡散地域について、周辺住民に適切な警告をすることを怠ったこと、作業員の活動環境の整備が疎かであったこと等多数の問題が指摘されております。）。

また、本年3月11日以降の事故進行過程において、⑤原子炉への海水注入を遅らせメルトダウンを招いたこと、⑥事故収束作業中に一旦、撤退を決定するなど作業に停滞を招いたこと、⑦ベントを不当に遅らせたこと等の数多くの善管注意義務違反があります。

貴社取締役のこれらの善管注意義務違反の事実についても、その責任追及の訴えを提起するよう請求致します。

5　包括的義務違反

以上の個別的義務違反とは別に、貴社取締役には、以下の包括的義務違反があります。すなわち、1960年代後半には、プレートテクトニクス理論（地球は、複数のプレートに覆われ、そのプレートの動きによるきしみによって地震が発生するという理論）が確立され、四つのプレートの境界にある日本では、世界平均の30倍以上の確立で巨大な地震が発生し、将来的にも発生することがわかったのですから、原発の新設及び運転を控えるべき善管注意義務があるにもかかわらず、それに違反して、漫然と新設及び運転を続けたことです。

6　まとめ

(1)以上、貴社取締役は、地震等によって想定される大災害について、その危険を認識しながらも、何らの十分な対策を講じることなく、本件苛

同一系統線や同一変電所に拠らない電源系統を準備したりするなどの適切な地震対策を講じてこなかったことは、原発施設における炉心損傷事故の発生を阻止すべき取締役としての善管注意義務に違反しています。

(2)配管等の重要な設備に対する耐震措置も怠っていたこと
　貴社は、今後の東北地方太平洋沖地震について、炉心損傷に至った原因は津波による全交流電源の長時間喪失にあり、地震時及び地震直後において、安全上重要な機能を有する主要な設備は安全機能を保持できる状態にあったとの調査結果を報告しております。
　しかし、津波の襲来を待つまでもなく、地震自体の衝撃により、原子炉施設において、重要な配管が破断し、あるいは、損傷したことも、本件苛酷事故の原因の一つです。しかるに貴社取締役は巨大な地震動が来ることや福島第一原発が老朽化しており早急に廃炉とすべきであることなどが、貴社株主を含む多方面から警告されていたのに、これらを一切無視して老朽化対策を怠り、適切な耐震措置を取らなかったことにより、今般の重大事故を惹起しました。

4　その他の善管注意義務違反
　上記に挙げるほか、貴社取締役には、①水素再結合器の設置、建屋の強化など水素爆発事故に対する対策措置を怠っていたこと（福島第一原発で運転されていた米ゼネラル・エレクトリック社（GE）製の沸騰水型原子炉マークⅠ型は、1970年代から水素ガス爆発の危険性が議論されておりました。そして、平成5（1993）〜平成11（99）年に国際原子力機関（IAEA）の事務次長を務めたスイスの原子力工学専門家ブルーノ・ペロード氏も、平成4（1992）年ころに貴社に対して、水素爆発の防止措置として、格納容器や建屋の強化、そして、水素ガス爆発を防ぐため水素を酸素と結合させて水に戻す水素再結合器を建屋内に設置すべきこと等の提案をしておりました。)、②全交流電源喪失の事態に備えて、電源車等の代替交流電源確保のための措置を怠っていたこと、③シビアアクシデントに備えて適切なマニュアルを作成すること及びそれ

第 3 部
東電株主代表訴訟
関連資料

⑤ 適切な対策措置を怠っていたこと

以上のとおり、貴社自身の試算及び各種機関殻の研究報告から、貴社取締役は、福島第一原発には、地震により、設計津波波高を超え、施設を遡上する高さの津波が襲来する可能性があり、かつ、そのような津波が生じた場合には、極めて高い確率で炉心損傷に至るおそれがあることを十分に認識可能な状態にありました。

それにもかかわらず、貴社取締役が、海水ポンプや非常用ディーゼル電源等の重要設備について、水密性の補強工事を実施し、浸水を防げる場所に移設しまたは分散配置してリスクを軽減し、あるいは、防波堤の高さを上げる等の適切な対策措置を起こったことは、原発施設における炉心損傷事故の発生を阻止すべき取締役としての善管注意義務に違反していたものです。

そして、貴社取締役は、以上の善管注意義務違反により、今回の福島第一原発における炉心損傷の重大事故を発生させ、これにより広大な範囲に莫大な損害を生じさせ、ひいては貴社に重大な損害及び損害賠償債務を負わせました。

3 地震に対する対策措置も怠っていたこと

(1)外部電源系の地震対策を怠っていたこと

福島第一原発は、津波の襲来を待つまでもなく、地震自体の衝撃により、夜の森線の鉄塔が倒壊し、また、福島第一原発側及び新福島変電所側のそれぞれの遮断機が損傷するなどしたために、外部電源喪失の事態に陥りました。

外部電源系の重要性及び地震に対する脆弱性は、耐震設計審査指針の改定の際のパブリックコメント等でも指摘されていたところであり、また、平成22（2010）年6月に発生した福島第一原発の外部電源喪失事故に対して、平成22（2010）年の貴社の株主総会においても、貴社に対して外部電源の脆弱性について指摘がされておりました。それにもかかわらず、貴社取締役が外部電源系への耐震強化措置を講じたり、あるいは、

ることが適切な津波によっても、施設の安全機能が重大な影響を受けるおそれがないこと」を十分考慮するよう要求しております。

　また、新耐震指針は、地震学的見地からは、「測定された地震動」(基準地震動)を上回る強さの地震が生起する可能性が否定できないとし、事業者に対し、この「残余のリスク」に適切な考慮を払い、基本設計のみならず、それ以降の段階も含めて、この残余のリスクの存在を十分認識しつつ、それを合理的に実効可能な限り小さくするための努力を払うべき義務を課しています。すなわち、基準地震動をクリアできる作り方をしたということだけで免責されるわけではないということです。

　イ　経済産業省所管の独立行政法人「原子力安全基盤機構」の報告書(平成20 (2008) 年 8 月)

　新耐震指針が地震随伴事象である津波の影響を考慮すべき事項として指摘したことを受け、経済産業省所管の独立行政法人である原子力安全基盤機構は、平成19 (2007) 年度から、福島第一原発のような沸騰水型や、加圧水型といった原発のタイプごとに機器が津波を浮けるケースなどを想定した解析を始めておりました。

　そして、平成20 (2008) 年 8 月の報告書「地震に係る確率論的安全評価手法の改良」の中で、津波の影響で、冷却水用の海水ポンプが損傷した場合、最終的な熱の逃がし場を確保する海水冷却系が機能喪失し、炉心損傷に至る可能性があることを指摘しておりました。また、津波の影響で、内部電源が喪失され、外部電源の導入にも失敗し、非常用ディーゼル発電機が機能喪失した場合には、全交流電源喪失事象が発生し、炉心損傷に至ることも指摘しておりました。

　さらに、平成21 (2009) 年度の報告書 (平成22 (2010) 年12月公表) では、津波の高さごとに炉心損傷に至る危険性を評価し、防波堤を超える高さの津波が襲来した場合、海水ポンプや非常用ディーゼル発電機等が機能喪失する結果、極めて高い確率で炉心損傷まで至ることを指摘しておりました。しかるに、貴社取締役は、何らの対策も取りませんでした。

一原発の取水口付近で、波高8.7メートルから9.2メートルの津波が襲来するとの試算を得ておりました。

また、貴社は、平成21（2009）年6月24日に地震関連の審査のために開催された経済産業大臣の諮問機関である総合資源エネルギー調査会の第32回原子力安全・保安部会耐震・構造設計小委員会地震・津波、地質・地盤合同ワーキンググループにおいても、貞観地震による津波の規模が極めて大きかったことや、貞観地震による津波について、産業技術総合研究所や東北大学の調査報告が出ていたにもかかわらず、福島第一原発の新耐震指針のバックチェックの中間報告で、貴社がこの津波の原因となった貞観地震について全く触れていないのは問題であると、産業技術総合研究所活断層・地震研究センターの岡村行信センター長から指摘を受けておりました。そして、保安院は、同ワーキンググループにおいて、「津波については、貞観の地震についても踏まえた検討を当然して本報告に出してくると考えております。」と述べ、貞観地震を踏まえて津波の検討をすべきことを貴社に対して促し、また、保安院は、平成21（2009）年7月13日の第33回合同ワーキンググループにおいても、設計用津波波高の評価に貞観地震を考慮するよう貴社に示唆しました。

このように、貞観地震に関する各種の調査報告が出ており、また、政府の審議会においても直接の指摘を受けていたにもかかわらず、貴社取締役は、安全側の観点から、適切に貞観地震とその津波の規模を評価し、必要な対策措置を講じることを怠っておりました。

④ 新耐震指針について
ア 新耐震指針の公表（平成18（2006）年9月）

平成18（2006）年9月に原子力安全委員会は、「発電用原子炉施設に関する耐震設計審査指針」を改定しました（これを以下「新耐震指針」といいます。）。

新耐震指針は、事業者に対し、地震随伴事象である津波についても、「施設の供用期間中に極めてまれではあるが発生する可能性があると想定す

法を研究し、福島第一原発に押し寄せる津波の高さについての解析を進めました。そして、その成果として、貴社原子力・立地本部の安全担当らの研究チームは、平成18（2006）年7月に米フロリダ州マイアミで開催された原子力工学の国際会議（第14回原子力工学国際会議（ICONE-14））で以下の報告書（以下「マイアミ報告書」といいます。）を発表した。

　マイアミ報告書によれば、貴社研究チームは、慶長三陸津波（慶長16（1611）年発生）や延宝房総津波（延宝5（1677）年発生）などの過去の大津波を調査し、また、予想される最大の地震をマグニチュード8.5と見積もりました。そして、地震断層の位置や傾き、原発からの距離などを変えて計1075通りを計算し、津波の高さがどうなるかを調べ、今後50年以内に設計の想定を超える津波が来る確立が約10％あり、10メートルを超える確率も約1％弱あるものと見積りました。また、13メートル以上の大津波も、0.1％かそれ以下の確立で起こり得るとしました（なお、貴社は、公益社団法人土木学会の原子力土木委員会津波評価部会が平成14（2002）年に発表した「原子力発電所の津波評価技術（2002年）」に基づき、福島第一原発の設計津波波高を5.4～5.7メートルに設定しておりました）。

　すなわち、貴社取締役は、平成18（2006）年7月の段階で、このような重大な内容の試算を得ておきながら、今般の東日本大震災が起きるまで、福島第一原発について、施設を遡上する大津波に対する対策措置を全く講じませんでした。

　③　貞観地震をもとにした試算（平成20（2008）年12月ころ）

　また、宮城県沖から福島県沖で貞観11（西暦869）年に発生したとされる貞観地震については、歴史書や津波堆積物に関する研究から、地震による津波の規模や被害が極めて大きかったことが指摘されていたところ、貴社は、独立行政法人産業技術総合研究所の佐竹健治氏による貞観津波の波源モデルに関する論文案を入手し、平成20（2008）年12月にも、宮城・福島県沖で貞観地震規模のM8.4の地震が発生したことを想定した津波の試算を行っておりました。そして、その結果、貴社は、福島第

年発生)並みのマグニチュード8.3の地震が福島県沖で起きたものと想定して福島第一原発及び福島第二原発に襲来する津波の高さを試算しておりました。なお、明治三陸地震による津波は、日本海溝沿いのプレート境界で発生した津波であり、同じ日本海溝沿いの福島県沖のプレート境界で同様の地震と津波が起きるとしたのは、前記長期評価に照らしても、極めて妥当性のある想定でした。

　この試算の結果、貴社は、福島第一原発に到達する津波の波高は、冷却用の取水口付近で、8.4メートルから9.3メートル、さらに、遡上高は、福島第一原発の南側の1号機から4号機で、15.7メートル、北側の5号機から6号機で13.7メートルにまで及ぶものとの試算を得ておりました。また、貴社は、延宝房総沖地震（延宝5（1677）年発生）が福島県沖で起きた場合の津波の高さも同様に試算し、その結果、襲来する津波の遡上高が福島第一原発の南側の1号機から4号機で13.6メートルにまで及ぶものとの試算を得ておりました。しかも、これらの試算結果は、平成20（2008）年6月ころには、貴社取締役も把握するところになっていたことも明らかとなっております。

　しかしながら、貴社取締役は、これらの試算は単なる試算であり、想定も適切でないとして、これらの試算によれば福島第一原発を遡上するはずの津波への具体的な対策を取らず、また、今般の東日本大震災の直前である平成23（2011）年3月7日まで、これらの試算結果を経済産業省の原子力安全・保安院（以下「保安院」といいます。）にも報告しておりませんでした。なお、保安院は、本年3月7日の貴社の報告を受けて、設備面で何らかの対応が必要であることを貴社に対して指導しておりました。

　貴社取締役は、これらの試算結果に基づき速やかに適切な津波対策措置を講ずるべきでありました。

② 米フロリダ州マイアミでの研究発表（平成18（2006）年7月）
　なお、貴社は、上記長期評価を受け、津波の高さの確率論的な評価手

2 地震により発生する津波に対する適切な対策措置を怠ったこと

(1)地盤の切り下げ

そもそも、貴社は、福島第一原発を建設するにあたり、コスト削減のため、そして、固い岩盤上に設置するためと称して、標高約35メートルの敷地を10メートルの高さに切り下げ、土地の形状を改造したことにより、津波に対して周辺地域よりも脆弱化させました。貴社取締役はそれを長期間にわたって看過しました。そのことがなければ、本件苛酷事故は発生しませんでした。

(2)各種警告の無視

貴社取締役は、平成14年ころ以降、以下のような貴社の試算や各種機関からの報告等があったにも関わらず、地震が発生した際に設計上の想定を超え施設内を遡上し得る大津波への適切な対策措置を講じることを怠っており、貴社に対する善管注意義務に違反しております。

① 文部科学省の地震調査研究推進本部の調査・評価

ア 文部科学省の地震調査研究推進本部の見解（平成14（2002）年7月）

文部科学省の地震調査研究推進本部は、平成14（2002）年7月、「三陸沖から房総沖にかけての地震活動の長期評価について」（以下「長期評価」といいます。）で、三陸沖から房総沖の日本海溝沿いで過去に大地震がなかった場所でもマグニチュード8クラスの地震が起き得るとの見解を公表しました。

地震調査研究推進本部の長期評価は、地震に関する重要かつ当時における最新の知見であり、貴社取締役は、この長期評価に基づく試算を直ちに実施し、試算結果に基づく十分な対策措置を速やかに講じるべき善管注意義務がありました。

イ 地震調査研究推進本部の長期評価に基づく貴社の試算（平成20（2008）年春）

そして、貴社は、地震調査研究推進本部の前記長期評価における見解を受け、平成20（2008）年4月から5月ころ、明治三陸地震(明治29(1896)

消費者に対する指示警句、当該医薬品の一時的販売停止ないし全面的回収等の回避措置をとるべき注意義務を負っているところ、被告会社には、製造開始時点たる昭和31（1956）年において、「神経障害」の副作用についての予見が可能であったにもかかわらず、前記回避措置を講ずることなくスモン被害を生ぜしめた注意義務違反がある。」と判示して、人々の生命・身体に危険を及ぼす危険物を商品として取り扱う企業に対して重い注意義務を課しました。製薬会社及び製薬会社の取締役に対してさえ、他の商品のメーカーと格段の差があるこのように重大な注意義務が課されるわけです。したがって、原発を扱う貴社及び貴社取締役には更に格段に重大な注意義務が課されると考えなければなりません。

スモン病は1万人以上の生命・身体に影響を与えましたが、本件苛酷事故は、日本を破滅に追いやる危険のあった事故であり、現在、原発周辺に住む住民がその生まれ育った故郷を追われ避難生活を余儀なくされている状況にあります。また、放射線被曝及び放射能汚染による被害も広範かつ深刻です。加えて、海に大量の放射性物質を放出したこと（海のチェルノブイリとも言われています。）による損害も大きく、中国、韓国等からの損害賠償請求も予測されます。かかる状況を生じさせたことからくる貴社の責任ないし損害も極めて重大なものとなっております。

しかしながら、貴社取締役は、上記で述べた自らに課された重い注意義務を省みることなく、以下に述べるとおり、善管注意義務に違反して、本件苛酷事故を招いたものといえます。

第3　責任原因

1　はじめに

貴社取締役は、地震大国日本において原発を設置・推進する判断をしておきながら、以下で述べるように地震から生じうる災害について何らの有効な対策を講じておらず、その任務懈怠によって、貴社に生じた損害を賠償すべき責任を負うものと考えます。

の惨状を招いて、貴社に巨額の損害賠償債務を負わせたこと、及び、貴社の施設に破滅的な損壊を生じさせたことにより、貴社に巨額の損害を被らせた事態についての法的責任が問われるべきものと考えております。

第2　貴社取締役が負う善管注意義務について

　スリーマイル島原子力発電所事故（昭和54（1979）年3月28日）、チェルノブイリ原子力発電所事故（昭和61（1986）年4月26日、そして、今般の福島第一原子力発電所炉心溶融及び水素爆発事故（以下「本件苛酷事故」といいます。）の惨状を見れば分かるとおり、原発で炉心損傷等の重大事故が発生した場合には、事業者自身に巨額の損害を生じさせるのみならず、広範な地域を極めて長期にわたって居住不可能にし、住民に深刻な健康被害を生じさせ、また、最悪の場合には多くの人命を奪うなど、原発の広範囲な周辺の住民そして社会全体に回復することの出来ない甚大な被害をももたらします。

　その意味で、原発における炉心損傷等の重大事故の発生を予防するための安全対策について、原発を運営する貴社の取締役が会社に対して負っている善管注意義務は、通常の企業の経営者に要求される善管注意義務よりも遥かに重いものといえます。

　この点、分野は違いますが、スモン病の発祥につき製薬会社の注意義務違反が争われたスモン訴訟（東京地判昭和53（1978）年8月3日）において、可部裁判長は、昭和53年の時点で、「医薬品製造会社は、（1）当該医薬品が新薬である場合には、発売以前にその時点における最高の技術水準をもってする試験管内実験、動物実験、臨床実験等を行い、（2）既に販売が開始され臨床使用に供されている場合には類縁化合物をも含めて、医学薬学その他関連諸科学の分野での文献と情報の収集を常時行い、もしこれにより副作用の存在につき疑惑を生じたときには、その疑惑の程度に応じて動物実験あるいは当該医薬品の病歴調査、追跡調査などを行うことにより、可及的速やかに副作用の有無・程度を確認し、それに応じて、副作用の存在ないしその「強い疑惑」の公表、医師や一般

第3部
東電株主代表訴訟
関連資料

前略
　別紙代理人目録記載の弁護士らは、貴社の株式を6か月前から引き続き所有する別紙株主目録記載の株主の代理人として、下記のとおり請求します。

記

請求の趣旨

　別紙取締役及び前・元取締役目録記載の取締役らは、東京電力株式会社に対し、連帯して、5兆5045億円を支払え。

請求を特定するのに必要な事実

第1　はじめに

　私たちは、平成23年（2011）年3月11日に発生した東北地方太平洋沖地震とそれに伴い発生した津波及びその後の余震により引き起こされた大規模地震災害（以下「東日本大震災」といいます。）における原子力事故の惨状を目の当たりにして、別紙現取締役及び前・元取締役目録記載の貴社の現在及び過去歴代の取締役ら（以下「貴社取締役」といいます。）が、地震大国である日本（地球の全地面の0.3%に過ぎない日本に地球の全地震動の10%が集中しています。）において、原子力発電所（以下「原発」といいます。）の危険を認識しながら、当該危険への十分な対策を講ずることなく、徒に原発を設置し、推進していくとの判断をしたことの法的責任を徹底して究明し、その責任を厳正に追及して頂きたいと考えております。

　特に、下記第2で述べるように、各種機関からの警告を受け、全電源長時間喪失が生じ、炉心損傷に至る危険性について認識しながらも、貴社取締役が必要な施策の実施を怠り、東日本大震災における原子力事故

資料1	取締役に対する訴え提起請求書

(平成23年11月14日)

取締役に対する訴え提起請求書

平成23年11月14日

東京都千代田区内幸町一丁目1番3号
東京電力株式会社

監査役　林　　貞行　殿
　同　　高津　幸一　殿
　同　　小宮山　宏　殿
　同　　大矢　和子　殿
　同　　藤原万喜夫　殿
　同　　唐﨑　隆史　殿
　同　　松本　芳彦　殿

貴社株主代理人
弁護士　河合弘之
外22名

(連絡先)〒100-0011
東京都千代田区内幸町一丁目1番7号
NBF日比谷ビル16階
さくら共同法律事務所
電話（略）
FAX（略）

東電株主代表訴訟
関連資料

第**3**部

東電株主代表訴訟
原発事故の経営責任を問う

2012年7月10日　第1版第1刷

著　者　河合弘之
発行人　成澤壽信
発行所　株式会社 現代人文社
　　　　〒160-0004　東京都新宿区四谷2-10八ッ橋ビル7階
　　　　振　替　00130-3-52366
　　　　電　話　03-5379-0307（代表）
　　　　ＦＡＸ　03-5379-5388
　　　　E-Mail　henshu@genjin.jp（代表）/ hanbai@genjin.jp（販売）
　　　　Ｗｅｂ　http://www.genjin.jp
発売所　株式会社 大学図書
印刷所　株式会社 ミツワ
ブックデザイン　Malpu Design（渡邊雄哉）

検印省略　PRINTED IN JAPAN　ISBN978-4-87798-522-6 C0036
© 2012　KAWAI hiroyuki

本書の一部あるいは全部を無断で複写・転載・転訳載などをすること、または磁気媒体等に入力することは、法律で認められた場合を除き、著作者および出版者の権利の侵害となりますので、これらの行為をする場合には、あらかじめ小社また編集者宛に承諾を求めてください。